你赢，
我陪你君临天下
你输，
我陪你东山再起

韦甜甜 著

中国财富出版社

图书在版编目(CIP)数据

你赢,我陪你君临天下　你输,我陪你东山再起 / 韦甜甜著.—北京：中国财富出版社,2017.1

ISBN 978-7-5047-6279-5

Ⅰ.①你… Ⅱ.①韦… Ⅲ.①情感—通俗读物 Ⅳ.①B842.6-49

中国版本图书馆CIP数据核字(2016)第225540号

策划编辑	张彩霞	责任编辑	白　柠		
责任印制	方朋远	责任校对	梁　凡　张营营	责任发行	张红燕

出版发行	中国财富出版社
社　　址	北京市丰台区南四环西路188号5区20楼　邮政编码　100070
电　　话	010-52227568(发行部)　　　010-52227588转307(总编室)
	010-68589540(读者服务部)　010-52227588转305(质检部)
网　　址	http://www.cfpress.com.cn
经　　销	新华书店
印　　刷	北京高岭印刷有限公司
书　　号	ISBN 978-7-5047-6279-5/B·0506
开　　本	710mm×1000mm　1/16	版　　次	2017年1月第1版
印　　张	15	印　　次	2017年1月第1次印刷
字　　数	208千字	定　　价	38.00元

版权所有·侵权必究·印装差错·负责调换

前言

常常，我会自问，你会忘了我吗？

你，一定也在忧愁着，我是否还记得你？

1

世上没有一种感情是天生恒久的，命运的交割总有它自身的排场。

你要往东去，风便顺着东吹，你在那里生根了，发芽了，成长成一棵大树。

我要往西走，路就沿着西面伸延，云淡云起，都有它的缘由。

世间人交叠往来、走南闯北都有一个注定、一个指引，感情的冷落升温也是一个自然结果。只是不能忽视的是，岁月的更迭让感情这条线越拉越细了，细到卑微。

真诚是可以传染的，那么虚伪不也是一样？

2

事实是，我们都太累了。可以前的我们绝不是这样的。

很久很久以前，哪怕是天天见面，你我对视相笑，嘘寒问暖，都不觉得有多么尴尬，不觉得有一丝顾虑。

你一定也曾怀念吧？

像我怀念你和过去的岁月一样。

怀念那种心灵触碰的感觉，怀念那种用眼神交流、用沉默倾诉的默契，怀念那种涉世未深、狂放不羁的傲劲憨劲。

可，那都是很久以前的事了。

如今我联系你都不知该说些什么，而你沉默着。有时传递着略显尴尬的客气套语，都是我们以前不会的。

是你变了吗？

是我变了吗？

是生活的雕刻让我们都变了吧。生活如刀，把我们雕刻成它想要的样子，我们都承受下来了，遍体鳞伤。那么，谁还会心思细腻地去想你和我哪一个会先忘了彼此呢？

也许，我们必然善忘，有太多事情不能自已。缘分这条线也在繁杂的生活中消隐了，感情的丰盈被剥夺了，甚至我们连给自己的那点时间都要吝啬，我们连喘息都要躲在墙缝里。

3

直到那一天，我在知乎上看到一个讨论的帖子——

"有没有哪个瞬间，你觉得自己是真心被爱着的。"

她说，跟男朋友异国吵架，吵得非常凶的时候，他忽然来了一句，别说话，抱抱好吗？

他说，上初中时家里没有电脑，跟爸爸说想看《暮光之城》，爸爸跑去网吧专门把四部都下载了，那时候网速特别慢，爸爸整整下了一个星期。

她说，来北京打工的第一年，买了挂面，天天吃挂面，在老家的闺密听说了，给我打过来2000元，让我吃好，尽管她一个月才赚1200元。

他说，临时接了个电话，在书房里聊了两个小时，开门的时候，儿子用手捂着桌子上一碗冷了的方便面。

……

忽然,我才明白,原来,你一直在我身边。

即使你在不同的城市,在不同的国家,在世界的任何一个角落,我还能时时刻刻地联系上你,而你听到我的声音时,开心得仿佛天上掉馅饼。

此时,我才明白,原来,我们疏漏了的曾经的友人,我们习惯了的亲密的爱人,我们忽略了的家人……一直在身边默默地、诚挚地、长久地陪伴着我们,用最深厚的情谊记挂着我们。

4

无论你开心也好,无论你难过也好,无论你光鲜靓丽也好,无论你消沉黯淡也好——

我,能给予你最温暖的两个字是"我懂"。

你,能给予我最温暖的两个字是"我在"。

陪伴,永远是最长情的告白。

那么,翻开这本书吧,静静阅读,这由爱情、亲情、友情……人类所有美好情感堆积起来的温暖片段。我写这本书,也许无法使你摆脱寂寞,但起码我可以陪你一起寂寞。

不如这样:你赢,我陪你君临天下;你输,我陪你东山再起。

目 录

第一篇　致爱情——春风十里，不如读你

第一章　我不喜欢这世界，我只喜欢你 ………………… 2

很多放弃爱情的姑娘，都是因为要求爱情一直亢奋，不接受它的常态。你还死磕什么呢？有个人愿意用很多的时间和你待在一起，即使他看着自己的书，玩着自己的游戏，但这就是爱情。

愿有人陪我颠沛流离 …………………………………… 2
喜欢你偶尔的矫情，也喜欢你偶尔的任性 …………… 5
喜欢，就是想和你一起吃饭 …………………………… 10
爱，是一种犯傻的能力 ………………………………… 14
我忽然难过，忍不住给你打个电话 …………………… 17
你是个会爱的人吗 ……………………………………… 21

第二章　时光不老，我们不散 ………………………… 25

恋爱的时间能长尽量长。这最少有两点好处：一是充分或尽可能长的享受恋爱的愉悦，婚姻和恋爱的感觉是很不同的；二是两人相处时间越长，越能检验彼此是否真心，越能看出两人性格是否合得来。

这样婚后的感情就会牢固得多。

你不会冷淡，你就别想得到别人的爱 …………………… 25
一段爱情最长可以维系多久 ………………………………… 29
肯留下来争吵的总是爱你的 ………………………………… 32
再绚烂的烟花，也不过转瞬即逝 …………………………… 37
慢慢来，什么也不会错过 …………………………………… 40
和他交换的不是嘴唇，是耳朵 ……………………………… 43
可以随时牵手，但不要随便分手 …………………………… 46

第二篇　致友情——世界很大，幸好有你

第三章　我可以失恋1000次，但不能失去你1次 ……… 50

朋友的可贵不是因为曾一同走过的岁月，是分别以后依然会时时想起，依然能记得：你，是我最想要的朋友。

人生中，观众向来比朋友多 ………………………………… 50
愿得一知己，白首不分离 …………………………………… 53
与君一席话，胜读十年书 …………………………………… 57
人格的天平 …………………………………………………… 60
正好有空，只想陪你坐一坐 ………………………………… 64
不一定锦上添花，但一定雪中送炭 ………………………… 66

第四章　为什么你的朋友圈在变化 ……………………… 70

突然发现，自己并不快乐。自己的状态越来越不好，甚至怕见人，感觉周围处处是危机……一切都让你一筹莫展，却从没有想到，这些不正常，根源全在于你的某些"朋友"。

目 录

利益，是最好的试金石 ………………………………… 70
朋友圈的负能量：只要你过得没我好 …………………… 73
不做你的垃圾桶 ………………………………………… 75
无非吃喝玩乐，遇难事照样没人帮 ……………………… 77
结交使你发出更大亮光的人 …………………………… 79
随时调整"黑名单" ……………………………………… 81
住在你的生命里，而不是手机里 ………………………… 84

第三篇　致父母——我慢慢长大，你慢慢变老

第五章　你的前半生我无法参与，你的后半生我"奉陪到底" …… 90

　　我慢慢地、慢慢地了解到，所谓父女母子一场，只不过意味着，你和他的缘分就是今生今世不断地在目送他的背影渐行渐远。你站在小路的这一端，看着他逐渐消失在小路转弯的地方，而且，他用背影默默告诉你：不必追。

　　　　　　　　　　　　　　　——龙应台《目送》

有钱没钱，常回家看看 …………………………………… 90
世界那么大，轮到我带你去看看 ………………………… 93
故地重游，听你说"想当年" …………………………… 98
世间有一种爱叫隔代亲 ………………………………… 100
你的感恩，是父母最大的快乐 ………………………… 103
有些事现在不做，一辈子都没机会做了 ……………… 107

第六章　我有能力报答时，你仍然健康 ················· 111

　　我相信每一个赤诚忠厚的孩子，都曾在心底向父母许下"孝"的宏愿，相信来日方长，相信水到渠成，相信自己必有功成名就、衣锦还乡的那一天，可以从容尽孝。可惜人们忘了，忘了时间的残酷，忘了人生的短暂，忘了世上有永远无法报答的恩情，忘了生命本身有不堪一击的脆弱。

——毕淑敏

我们一起去跑步 ··· 111
今晚，我来给你下厨 ·· 114
你记得父母的生日吗 ·· 118
每年带父母去做一次全面的体检 ······························· 122
回头，绝不是一个简单的姿势 ·································· 125
你给我买礼物时，我笑了；我给你买礼物时，你哭了 ······ 128

第四篇　致婚姻——至少还有你，值得我去珍惜

第七章　如果注定孤独，为什么我们还需要婚姻 ······· 134

　　世界上不可能有天长地久的掩饰和做作，也不可能有毫无瑕疵的装扮和美化，最终，我们都要在婚姻中得到还原。

最终，我们都要在婚姻中得到还原 ····························· 134
30年后，你还能和他聊得来吗 ·································· 137
嫁给他，就是嫁给一种生活 ····································· 140
很多所爱之物，都是从陌生开始的 ····························· 143
把他当作朋友来对待 ··· 146
像经营事业一样去经营家庭 ····································· 149

第八章　我会放你一马，你需给我一生 ……………………… 154

太注重爱情的细节，就注定婚姻的郁郁而终。别太对男人较真，放他一马，他给你的就是一生；别太和婚姻较真，对婚姻多一份社会责任就好。

爱一个人，就不要试图改造他 …………………………… 154
别和他的男闺密抢他 ……………………………………… 157
假如他为你牺牲事业，那他就是个傻子 ………………… 161
要知道他也有自己特殊的"那几天" ……………………… 164
没有男人的撒谎，想拥有一个幸福的家庭实在是太难了 …… 167
别说话，拥抱我 …………………………………………… 171

第五篇　致孩子——遇见你，遇见最好的我

第九章　以你想要的方式，陪你成长 ………………………… 176

照看孩子不仅是一种爱与责任的表现，也是一项职业，就像世界上其他任何令人尊敬的职业一样，它充满乐趣和挑战，需要全身心地投入。

我们错过了多少珍贵的"第一次" ………………………… 176
一个人玩不是独立，而是孤独 …………………………… 180
敏感期，离不开父母的陪伴 ……………………………… 183
妈妈的情绪，决定孩子的未来 …………………………… 188
爸爸的高度，决定孩子的起点 …………………………… 191
给孩子一个温馨的家 ……………………………………… 193
保护孩子单纯的童真 ……………………………………… 196

第十章　你的问题，其实都是我的问题 ························· 200

走出传统的管理和控制，解放自己的同时也解放我们的孩子，给予孩子充分选择的自由，放飞孩子的理想与智慧。

成绩单上的成绩并不重要 ···································· 200
没有人喜欢被说教，没有人喜欢被控制 ···················· 203
我读有趣的书，让你也爱上阅读 ····························· 206
陪你一起发现世界的秘密 ····································· 210
你不美没关系，我会教你什么是气质 ······················ 213
只要你努力，没有什么不可能 ································ 218
你一直是我的骄傲 ··· 223

第一篇

致爱情——

　　春风十里，不如读你

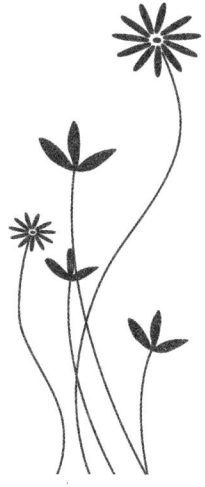

第一章

我不喜欢这世界，我只喜欢你

很多放弃爱情的姑娘，都是因为要求爱情一直亢奋，不接受它的常态。你还死磕什么呢？有个人愿意用很多的时间和你待在一起，即使他看着自己的书，玩着自己的游戏，但这就是爱情。

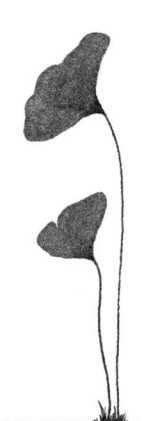

愿有人陪我颠沛流离

忽然想起的，是身边那些死磕的姑娘，对过错念念不忘，竟生生忽视了相守的绵长悠远。曾经遇上过一个人，满满当当地填充了一段最好的时光，然后就孑然转身，徒留漫长的回忆，不给未来留一丝余地。她们说，如果不是那个人，那么是谁都没关系了，只可惜那个人却不是她们的良人。所以才感慨，自以为是的最深刻，迷恋的究竟是那个

第一章 我不喜欢这世界，我只喜欢你

人，还是那种爱情本身。年少轻狂的盲目冲动消逝后，登场的是不是就应该为相知相守的细水长流。

"愿有人陪我颠沛流离。"她在QQ（即时通信软件）个性签名里写下这样一句话，然后，随即有人发过来一条消息——"如若现世安稳，谁愿颠沛流离，但是我却愿陪你颠沛流离"，是他发过来的消息。

她和他是大学同学，不在一个专业，但他却注意到了她，记得第一次见到她的时候，照他的话来说，感觉她就像一个明星，话虽然肤浅，但是之后说起这个感觉来，她总是羞羞地笑。

像所有情侣发展的情节一样，他们在一起了，当他手捧玫瑰向她告白的时候，她答应了。

他们很相爱，他们想着什么时候结婚，也取好了未来孩子的名字，他不会做饭，但是他亲手做了一顿饭给她吃。他每天晚上都会和她说晚安，他跟她说："等我说了520个晚安，我们就可以结婚了。"

都说爱一个人最深莫过于把自己活成了他的样子，没有他在身边的时候，她以他的方式来生活，不是刻意，而是已经习惯。

后来他们毕业了，她比他大一届，所以，成了异地恋。其实恋爱的人确实是应该经历一场异地恋的，不曾异地，也就不知道彼此在自己心里占据了多么重要的位置。在多少个日日夜夜，他们互道晚安，一遍一遍地说着我爱你，总是思念越深，爱就越浓烈。

再后来，他也毕业了，但是她由于各种原因失业了，消沉在家，难过得要命。他在她家附近找了份工作，他找工作的时候就只有一个条件，那就是离她家近，他在一个厂里工作，一个礼拜只休息一天，白班夜班地倒，很累，一天大约十小时的站立工作让他的脚涨紫又起泡，但他不在乎，平时只要有一点时间他就会去找她，陪在她身边，默默给她打气加油，让她振作，他总是把大多工资花在她身上，为她找各

种应聘的岗位,陪她赴各种各样的面试。在一段感情里,必须要有一个人是积极向上的,那样才会在另一方消沉的时候,能够有所帮助,积极指引。

人生的低谷总是会过去,在他的鼓励帮助下,她找到了一份工作并且很好地胜任了。她对他说:"你就是我的太阳,我是你的彩虹,你不见的时候,我也就不会出现。"

经过了那么多坎坷和难过,相爱的人最终都会有一个好的结局吧,在他说够了520个晚安的那一天,他们结婚了,520代表着我爱你。520个晚安,代表永永远远的爱情和陪伴。

"无论你开心也好,无论你难过也好,无论你光鲜靓丽也好,无论你消沉黯淡也好,我能做的,就是好好去爱你,我能做的,就是伴你左右。"他在结婚典礼上对她说。

因为,陪伴才是最长情的告白。

他是她的太阳。

她是他的彩虹。

你和一个人越亲密,会越多看到他的疲惫。

你爱上一个人,因为她脱俗的气质,因为他运筹帷幄的魄力。我们常常像崇拜明星一样,钟情于一个人。那时候觉得他很有力量,似乎能拯救你,能带你进入想要的生活。这种最初的崇拜,却往往会把我们带进阴沟。请注意,无论一个人是花魁、总统、财阀还是行业大拿,只要你成为他最亲密的人,你会更多看到他不为人知、不善伪装的一面。

她工作的时候光鲜靓丽,但可能私下里非常邋遢、懒惰,常常疲倦得大脑短路;他看起来魅力十足,是社交达人,但可能回到家就疲惫得只会睡觉;他在圈子里是有名的攻坚人才,但在你的身边却十分软弱，事业上的一点失利都会令他心情烦躁，极易发脾气……如果你一直迷恋着他闪耀的部分，当你发现，他呈现给你的更多是疲惫的话，那你注定会失望，而且是彻底的失望。

你若只爱他的精彩，那你还不爱他；假若你也尊重他的疲惫，就像尊重自己的，我想你就会获得长久的爱情。你们会走入更精彩的人生，而非落入坟墓。

我们刚爱上一个人，那时的爱情并不是爱情的常态，而是爱情的初始亢奋态。如果你认定爱情就一直是这样了，那是你看错了爱的本质。你每天还在变化呢，为什么爱情就不会变化？14～30岁是你的亢奋态，30～70岁才是你的常态。其实比比时间就知道，哪个是你的常态。爱情也是一样。

很多放弃爱情的，都是因为要求爱情一直亢奋，不接受它的常态。

你还要求什么呢？

有个人愿意用很多的时间和你待在一起，即使他看着自己的书，玩着自己的游戏，但这就是爱情。你也可以看自己的书，玩自己的游戏。悦纳了这样彼此相伴又相对独立的空间，你们才能有机会拥有未来更多精彩的瞬间。

喜欢你偶尔的矫情，也喜欢你偶尔的任性

阿玲毕业那年，喜欢上了一个比她大六岁的男人——老吴。

老吴其实并不老，虽说已经二十八九岁，但好歹人家也是二字开头，怎么说也是年轻有为、风华正茂的时候。

你赢,我陪你君临天下　你输,我陪你东山再起

他是他们公司的运营部经理,而她,是他的助理。他们每天一起上班、一起下班,久而久之就产生了感情,发展成了恋人。

阿玲说,她就喜欢老吴这样的成熟男人。温润如玉,不失干劲,举手投足间尽显高贵气质。

闺密说,你一定是被霸道总裁类小说给荼毒了,要不然怎么连口味都变了。

她一脸不服的表情。

当时阿玲和老吴的恋情并不被家里人看好,阿玲她妈有些迷信,说恋人之间相差六岁是六冲,不吉利。但阿玲还是坚持己见,闹着非要和他谈恋爱,家里人拿她没办法,索性睁一只眼闭一只眼。

他们谈了一年多,本来刚好一个24岁,一个30岁,可以欢欢喜喜领证结婚,可故事就要在这里给你一个戏剧性的转折。

有天阿玲把闺密约出去吃饭,吃到一半,她突然非常平静地说,她和老吴已经和平分手了。

闺密很惊讶,说:"老吴不就是你喜欢的那种类型吗?"

她说:"是啊,可我感觉,我好像和他不合适。"

阿玲说,老吴很忙,把心思都放在了工作上,天天不是开会就是应酬,下了班也不忘和客户老板联络感情。有时候,她想和他打个电话聊个天,可他却总聊不了几句就说自己困了,累了,要睡了。她说她理解他工作辛苦,她知道他很有能力,他真的是一个特别上进的男人。可是,最关键的是,她想要的他给不了她啊。

她希望能有个人和她分享心情,听她倾诉。她希望在她想到某件事,听到某首歌,看到某部电视连续剧的时候,他能通过她的分享与她产生共鸣。哪怕是哭是笑是吵是闹,他在她心里必须是有血有肉有温度的。可老吴不这么想啊。他觉得在一起了就是在一起了,那些小事完全可以忽略。他说,他每天有开不完的会、应不完的酬,哪还有

第一章 我不喜欢这世界,我只喜欢你

那么多的心思放在这些琐碎的小事上。

所以,阿玲和老吴的分歧出现了。阿玲觉得她没法在精神层面上和老吴擦出火花。老吴却觉得,是阿玲太在意那些细节,恋爱就应该回归平淡。

渐渐地,两人的话题越来越少,最后不得不分手。

分手的时候,老吴对阿玲说,他觉得其实他们是有代沟的。比方说,阿玲喜欢韩国明星李敏镐,老吴却连听都没听说过这个名字。又比方说,老吴和阿玲聊足球,提到西班牙球员哈维的战绩,阿玲一脸听不懂的样子。

她想要的他给不了,同样,他想要的她也给不了。

要知道,谈恋爱这种事情不是靠最初的感觉或是激情去维持的,而是靠点点滴滴的相处,靠各种各样的细节积累起来的。这相处里面就包括了精神层面的交流和沟通。很多人以为,靠物质维系起来的感情就一定是稳固的,其实不然,缺少了精神层面的沟通,就相当于一个人缺少了精气神,时间一长必定萎靡不振,最终夭折。

菲菲在大二的时候认识了西南科技大学的一个男生,叫欧阳。两人一见钟情,迅速坠入爱河。

他俩恋情的开始就像许多小说里写的一样美好。他骑着单车带她去看夕阳,她坐在他身后轻轻环住他的腰。他扛着一个单反和她穷游了十几个城市,他把她的照片挂满了整整一面墙。他说他钟情于摄影,以前一直拍静物,后来喜欢拍她。

那时候菲菲被他迷的不得了。她说,她从来没见过这么浪漫的男人。她说,她真的好喜欢他。她还说,此生她非他不嫁。

可当毕业的时候,他们还是分手了。

你赢,我陪你君临天下　你输,我陪你东山再起

　　好友一直不明白他们为什么分手,直到今年年初收到菲菲的结婚请帖,好友在微信上找她聊天说起这事,她才打开了话匣子。

　　她说:"你知道吗……我和他不合适。"

　　菲菲说,欧阳是个很强势的人,多疑敏感。他喜欢翻看她的手机,查她在网上的聊天记录。他还喜欢说教,一旦她犯了点错他就老揪住不放。他觉得他说的话是建议的性质,可她却认为她不需要他的意见。她不接受,他就喋喋不休。他觉得她太倔,不听他的,不尊重他。她却觉得他自私、霸道、控制欲太强。他们恋爱的第二年,半月一小吵,两月一大吵,她几乎就快要崩溃。吵得最凶的一次,欧阳竟然动手打了她。

　　好友震惊了,再怎么样男人都不该动手打女人啊!

　　"是啊。"菲菲回好友说,"他朝我背上狠狠地锤了一记,痛了我三天三夜,连着心。我向他提出了分手,当时他死活不同意,跑到我面前跪下来,求我原谅,可是我知道,就在他打我的那一刻,我的心已经死了。"

　　知道菲菲和欧阳的分手原因后,好友感觉整个人都不好了。以前总以为,分手时对方所说的那句"我们性格不合"只是一个借口,可后来却发现,性格不合中的"性格"不仅仅指的是双方的性格脾气,还包括了双方的处世态度、行为习惯、生活背景、社会经历等。很多人觉得,性格不合不是问题,但问题是,真的出现问题了,性格却显得尤为重要。

　　两个都很强势的人,很少会在对方面前认输,必然会造成互不妥协、互不退让的局面。双方都想控制恋爱节奏,都想在恋爱中争取上游,势必会在很多问题上产生冲突,引发争吵。

　　所幸菲菲毕业后,认识了现在的丈夫方明——一个容易相处、性格随和的人。菲菲说,跟他在一起,她不用担惊受怕,不用遮遮掩掩,

第一章　我不喜欢这世界，我只喜欢你

更不用想着他会不会吃醋、生气、对她采取冷暴力等。

他喜欢她偶尔的矫情，他也喜欢她偶尔的任性。从前那些她以为会吓跑人的缺点，他都能接受。当然，他们也会吵架。但每次争吵过后，他们就会像两根被拴住的弹簧似的，没皮没脸地跑回到彼此身旁。一个人发疯的时候，另一个人总得保持理智。

"他让我不再那么谦卑，从此我的世界没有了苦情和眼泪，相反的多了耐心和好脾气。我永远也不必担心，我们过了今晚就会没有明天。这大概就是合适吧。"她说。

好的恋情不就应该是这样的吗？彼此欢愉，觉得和对方在一起很舒服，很轻松。你知道他不会给你施加压力，你也不会给他制造麻烦。你们彼此独立，却又彼此关心。产生分歧以后，你会和他好好沟通，他会耐心听你把话讲完。你和他说话不用解释半天，他和你聊什么话题你也都能听懂。

每个人都想找到那个对的人，每个人都想找到一个真正适合自己的人，可这个世界上没有人生来就是与你相配的。你可以找到一个喜欢你而你刚好也喜欢的人，已经是一种莫大的幸运了。

年轻的时候大家总以为，两个人在一起只要互相喜欢就好，现在才明白，仅有喜欢而不去改变有什么用？只想着征服，只想着对方能成为自己心目中的样子，最后是修不成正果的。

很多人在分手后都喜欢逃避自己的责任，把过错往前任身上推，但如果你们当初下定决心要在一起，就应当拿出点相应的觉悟来。男人多一点关心、包容，女人多一点温柔、体谅。

你可以有你的事业，你可以工作很忙，但请不要忘记回家后给你爱的人一个吻，告诉她你很想她。你可以很霸道，你可以很倔强，但请不要把你的坏脾气当作武器，去伤害与你最亲密的人。

你赢,我陪你君临天下　你输,我陪你东山再起

最合适的感情永远都不是以爱的名义互相折磨,而是彼此陪伴,成为对方的太阳。

能沟通时尽量不要吵架,能亲吻时尽量不要说话,能拥抱时尽量不要赌气,能恋爱时尽量不要分手。

门当户对很重要,用心相处更重要。试着去为对方做出一点改变吧,让自己变成一个温暖、温和的人。你要明白,每一次相遇都是奇迹,所以你要好好珍惜。没有人有义务永远站在原地一直等你,能够等你的都是爱你的人。不要因为一些琐事忽略了对方的感受,等到哪天他头也不回地离开,你再去挽留,一切就都来不及了。

愿你能够找到那样一个人,或许不是最合适,但他却愿意为你改变。

愿你们能够相互陪伴,成为彼此生命中的太阳,照亮今后灿烂的人生。

喜欢,就是想和你一起吃饭

有没有一种味道,是回忆起来就会微笑,不在于那是一道多么深得人心的食物,在意的是那天那个时间在那个地方,你和我一起把它消灭掉了。

《重庆森林》里的何志武一直收藏阿may最爱吃的凤梨罐头;《美食祈祷恋爱》里伊丽莎白因为那不勒斯的比萨扣不上牛仔裤;《美味情缘》里女大厨被冰冻后的提拉米苏俘获;《蜗牛食堂》里,冬日里的那道甜汤让单相思的女孩儿勇敢地拉起了男生的手。

第一章 我不喜欢这世界,我只喜欢你

这世界上,唯有美食和爱情不能轻易地舍弃,爱得饱满,吃得幸福,我们在意的,从来都不是食材本身,而是一起分享、一起经历的那个人。世界那么大,人生那么长,不管身在何处,总会有个人让我们不管战乱还是和平,不管富裕或者贫穷,都义无反顾地陪在身边。人生里有好多好多顿饭等着我们去享用,不一定卖相有多华丽,也不一定环境有多优雅,在于吃的间隙,一转头,刚好你就在身边。

因为我爱你,所以一切小事都可以变得美好,因为我爱你,所以尝起来都是幸福的味道。

早餐总是匆匆忙忙,午餐总是在各自的公司里随意打发,只有晚饭,才有可能和家人、爱人一起坐下来,慢慢吃,细细聊。

平凡的日子里,下班之后,一起做饭吧。

便利店里那么多已经收拾妥当的菜品,轻松一炒就是一道色香味俱佳的菜品;

如今更有无数微波炉食材,全都合理搭配,只需要在微波炉里转上几圈而已;

十分钟可以熬好一锅香气四溢的米汤,配上面包、馒头做主食,还缺什么?

两个人协调合作,在厨房里唱二十分钟的"二人转",就可以满心欢喜地看到餐桌上的琳琅满目。

吃吃饭,聊聊天,一天里的酸甜苦辣都在这一餐饭间,消化殆尽。

若是喜欢,泡一壶普洱茶,解解油腻,不但不影响睡眠,据说还有减肥的效果,何乐而不为?

《大长今》里,长今虔诚地说,要充满诚意地做食物;《料理仙姬》中的小仙甜蜜蜜地说,只有用真心做出来的食物,才能让吃的人感到美味……也许放到这个浮躁的时代,我们只要亲手做食物,就能让吃

的人感受到无限的温暖了,不是吗?

　　尝试一下吧,下班后,两个人一起去菜市场或者便利店看一看,在挑选食材的时间里,你就可以在心里拟一个小小的私家菜谱,多么简单的快乐呀!

　　我们为了生活一整日的奔波忙碌,都会被这一顿充满暖意的晚餐,被对面家人的融融的笑脸,一寸寸慰藉。

　　能为爱的人做饭,是幸福的事儿;能吃到爱的人做的饭,更是莫大的幸福。这个幸福源于心甘情愿,得来不易。当今社会好像没谁会相信,两个人之间有真情哪怕光是喝水也能吃饱了,男女必与饮食搭伙,所以叫饮食男女。沈宏菲说:"你要恋爱,就离不开饭桌。除此之外,我也想不到还有更好的去处。"

　　去饭店吃晚餐容易,有钱就行,贵有贵的讲究,穷有穷的吃法,只要你一天不是他的,他就舍得,就豪爽,哪怕死撑。难的是他肯做给你吃,姑且不论是否拿得出手,就好像自制的卡片远比街上卖得珍贵,尽管它简单;亲手打的毛衣肯定比机器批量生产的暖和,尽管它粗笨。难得那人肯费了脑筋,花了心思,豁出时间,陪尽耐心,难得他肯动手。

　　有部旧港片,是张曼玉主演的,讲一个粗声大气、呼风唤雨的黑社会老大,为了讨女友欢心,从刀光剑影的浴血生涯中抽出空来,威胁酒店大厨教他做女友最爱吃的番茄猪扒饭。一脸凶神恶煞的男人,竟像个认真而又满怀期待的小学生一样,温柔小心地看着女人大快朵颐。这片子还让我记住的是那女人的母亲在电话中说,一个男人肯做饭给你吃,对你就一定是真心的。

　　有个朋友,曾以"原来煮饭也要放水呀,我一直以为只有煮粥才放水"一语一鸣惊人,后来娶了个护士小姐,经常加班,他心疼老婆,想做点好吃的送去,谁知用了两个小时才煎好一只蛋,还忘了放盐,想

第一章 我不喜欢这世界,我只喜欢你

煮丝瓜汤,把瓜皮刨了,气急败坏地打电话来:"怎么丝瓜的瓤这么难掏?"后来跟他夫人说起,她笑着,笑出了眼泪。

在爱情的辞典里,没有大男人,只有小儿女,真爱哪有保留、推搪、小算盘、前怕虎后怕狼,刀山火海心一横也就过去了,更遑论炒几个小菜?听说最好的厨子都是男人,且研究表明擅长烹调的男人往往创造力过人,关键是你肯还是不肯。

其实所谓"君子远庖厨"不过是堂皇的借口,所谓"大丈夫不为五斗米折腰"只是虚伪的托词。永远有工夫振振有词地去强调三纲五常、三从四德,证明自己的四体不勤、五谷不分乃天赋男权的懒汉,永远跷起二郎腿一张报纸看到开饭,油瓶子倒了也视而不见,哪管女人在厨房里烟熏火燎。这样的男人,他最爱谁?不是你,是自己。

把情话落实到人间烟火里,才是过日子的爱法,他肯为你做饭,就如你愿意为一个男人生孩子一样,内容轻重缓急虽大不同,用意却相似,只因对你是真的疼、宠、在乎、用心,忘了自己,所以才能累并快乐着,愿打愿挨,死心塌地,只进不退,一生一世,无怨无悔。女人,珍惜那个为你做饭的男人。不要等到品不出山珍海味的时候,再去怀念他的饭菜。

一顿丰盛大餐,比一段轰轰烈烈的恋爱更值得珍藏。

珍惜用心爱你的人。

更应珍惜用心为你烹饪出的美味。

你赢,我陪你君临天下　你输,我陪你东山再起

爱,是一种犯傻的能力

周国平说,爱是一种犯傻的能力。

沉浸在爱情里的两个人往往智商会下降,为对方做尽恋爱中的傻事,只为得到对方一个快乐的笑容。

他和她刚确定恋人关系,她满心期待他们的第一次约会,精心策划了一个浪漫行程,兴高采烈地和他说起这件事,却遭到他的冷漠拒绝,因为他讨厌到人多的地方,也讨厌到处走,还不如一起在家看电影。她哭丧着脸求他,可是他不为所动。

到了约会的那一天,他经不起她的哀求,还是答应了她。因为正值油菜花盛开的季节,他们就来到这个满目金黄的美丽地方,开始他们的第一次约会。

走在小路上,很多情侣手牵手和他们擦肩而过。而他们两个人不仅没有手牵手,还隔着一段距离,像是两个不认识的人。她很羡慕,也想和他牵着手一起赏花,可他拒绝了,把手插进口袋,自顾自地往前走。她有些失望,但什么都没说。

花田里,有的情侣用手机自拍,有的则请路人帮忙拍合照,都想把这美丽的景色和两个人的幸福笑容停留在同一个画面中,留下美好的纪念。她很羡慕,用乞求的眼神看着他,明示她也要和他一起在花田里合影留念。他同意拍照,却只是担任摄影师给她拍照,完全不愿意入镜。她挂着略显僵硬的笑容对着镜头,"咔嚓",他动作迅速地拍了一张就把手机扔给她,又转身向前走了。慌乱地接过手机,看着手机屏幕上那张单人照,她叹了一口气,收起手机跟上他的脚步。

第一章 我不喜欢这世界,我只喜欢你

接下来,她只要看到别的情侣在做什么,她都会要求他照办,可是他总是用各种理由拒绝。拒绝的次数多了,她生气了,和他吵了起来。两个人越吵越凶,吵到最后两个人背对背往相反的方向走去,一边走一边抱怨对方,却没有人愿意先转身做出退让,让两个人越走越远。

绕着路走了十来分钟,他们在一个分岔路口遇到了。已经冷静下来的两个人都很后悔刚才的冲动,于是她说不会再要求他做这做那了,如果他不喜欢外出,那她可以陪着他待在家里。他听了,心里很愧疚,主动牵起她的手往花田里走。他用手机给站在花田中的他们拍了好几张亲密的合照,她在照片中的笑容越来越灿烂,让他即使不喜欢也愿意为了她的笑容去拍照。

互相喂食、拥抱、亲吻……所有她刚刚想要做的事情,他都一一完成了。在他看来,这些事情很无聊,没必要在别人面前晒甜蜜,也没必要故意做些什么来证明两个人的感情,而且最重要的是他会不好意思做这些亲密动作,会让他觉得自己像是动物园的猴子,会被别人任意观赏。可是,当他看到她满足的笑脸,所有的不情愿都消失了,两个人快乐地当了一天的傻瓜情侣,度过了第一次约会的美好时光。

在别人看来,做这些恋爱中的傻事很好笑,可是在一对恋人看来,只要是两个人在一起,再无聊的事情都充满了幸福感。

谈恋爱是一件美好却又"麻烦"的事情,热恋的感觉是幸福的,但是为了幸福的感觉就要保持住浪漫,怎样才能保持住恋爱中的浪漫呢?以下十件事情一定要和恋人一起做,让你们浪漫满屋、幸福满分!

1. 依偎

身体的接触对于两个人之间的亲密感也非常重要。一份爆米花,一部你最爱的电影,两个人舒舒服服地度过温馨的夜晚吧。

2.发短信祝早安或晚安

开始/结束一天，不妨发个短信表示你会想她，有利于增强你们的关系。你可以发条短信说"我爱你"，但太明显了不够自然。我们每天都和电子设备打交道，找时间亲手写封信，对方会感受到你很用心、很体贴、很浪漫。

3.互相鼓励

无论你爱的人是学生还是已经工作，他/她都需要你支持他/她做的每一件事情。给爱人留一个鼓励的便条，给他/她点特别的惊喜吧。

4.一起流汗

身体健康是非常重要的，不妨和爱人一起选择在健身房共度时光吧。为什么不一起去健身呢？大部分人都觉得伴侣在大汗淋漓的时候最有魅力呢！

5.赞美对方

外界环境有太多的压力，我们都想做到最好——最好的身体、最好的性情，来达到最成功的状态。而一个浪漫的爱情关系应该是温馨的港湾，所以不妨夸夸另一半是多么有魅力、多么可爱以及成功吧。对方身上总有你最喜欢的地方，才会让你觉得对方超级迷人性感，一定要时时夸赞，一定要让对方知道你喜欢对方的地方。

6.一起旅游

去一个新的地方探险，沐浴在阳光下，尝试一家新饭店，这些都能增进你们之间的感情。如果你是自驾去目的地，那么沿途可以一直说话。你们就可以更多了解对方啦。

7.谈论关于自己的一天

任何关系里，分享每天的经历对双方都有好处。分享的那个人能把心中的郁闷和想法释放出来，另一个则能更好地了解对方。

8.一起玩

情侣关系中一件重要的事情在于你们可以一起玩乐、一起做些傻事。找一个大家都喜欢的情景喜剧或者网络笑话一起乐乐吧。我们都听过一句话，笑容是最好的治愈良药，对吧？你还可以和对方一起喝点啤酒，来一场桌游，度过一个欢乐竞争的美好夜晚。

9.一起做饭

无论是烧饭还是手工做些巧克力，食物可以把吃货们捆绑在一起。你们不仅在厨房共度时光，还能做出美食，一起吃一顿美餐。

10.把咖啡或早餐端到床上，给爱人来个惊喜

这一招对男生也很管用。早上给爱人端上一杯热咖啡开始这一天的生活（对方会对你深表感激之情的）。要想让对方感受特别一些的话，就把对方最爱吃的早餐端到床上：两个煎蛋、草莓切块、一杯酸奶，就很有效果哦。

现在知道了吧，这十件小事，让本来不那么浪漫也能越来越浪漫呢！最主要的还是要用心，哪怕一丝丝小细节，比如她在做饭的时候帮她抓住后边头发，在敏感的女生眼里，也会感到幸福满满的。

我忽然难过，忍不住给你打个电话

为爱着的人能等多久，这不仅仅是对男人的拷问，对女人其实也是一个艰难的选择。

你能为一个人等待多久？

这确实是一个难以回答的问题。因为这个问题的任何答案，都可能

是一种承诺,一种誓言,也可能是一种敷衍,一种分手时的残忍借口和美好托词。在爱情快餐时代,只要你舍得一句虚伪的誓言和承诺,就可以得到一份廉价的爱情。爱情易得,等待太难。谁能为谁等待多久,谁都没有足够的信心和底气。事实上,在爱已成往事,新爱就提上日程的今天,转瞬即忘,转身即成陌路,是常有的事情。没有多少爱情经得起长久的等待,也没有多少人愿意去等。

异地恋简直是人性大考验。因为有了太多的空间,他隐瞒经历、欺骗、逃避责任甚至背叛。而你却无从得知真相。有时你甚至会认为是自己不好,不够体谅、不够懂事、不够好。你还有可能因此化身网络小侦探,擅长各种关键字和用户名的搜索,还不算你申请的各种马甲。当然,你自己也同样经受考验,那些做了也不会有人知道的事情,闪闪发光,让人忍不住犯欠。

在每一个你需要另一只手挽一把、扶一把、拽一把、摸一把的时刻,你也只能打个电话,对自己说,如果对方在的话这只手一定会出现。好像这样就能弥补每一个这种孤立无助的时刻一样。这种时刻在你被人尾随或被暴露癖堵截的时候达到巅峰,你终于明白,没用的,哪怕明天那只手就出现在你身边,可是此刻它无法带你逃出生天。

而且这种无助感是双向的。在对方觉得寂寞和无助的时候,你除了在电话这边焦急地安慰对方别无他法。每一个你不愿暴露在其他任何人面前的情绪,都只能独立面对。

无能为力,是异地恋的常态,是有多少钱、多少时间都无法挽救的。

而坚持在一起,仅仅有一句:这个世界上大概再也没有别人能像你一样懂我。

异地恋永远是一个让人唏嘘的恋爱方式。距离很多时候带给两人的不是恰到好处的私人空间,而是思念的折磨。所以很多人都说,不要轻易尝试异地恋。

第一章 我不喜欢这世界,我只喜欢你

艾米说:"异地恋最难受的地方,应该是对方给你的拥抱只能是一个表情吧。"

艾米在天津做模特,男友是珠海的摄影师,两人在微博上认识后一拍即合。合到什么程度呢,比如艾米很喜欢讲冷笑话,男方就真心配合每次必笑;两人发的每条微博都一定要配图;工作的时候一定要放跟造型搭配的音乐;每天必须擦一遍卧室地板,以及他们俩都是处女座。

那个时候处女座还不是"人类公敌",于是他们常以自己的性格为荣,爱得非常外露。艾米掌握了男友的作息规律,到了时间就知道男友该起床了,然后屁颠屁颠地给他发微信打电话;吃饭的时候就你拍一张我拍一张展示今天吃了什么,尽管我非常不理解两人隔三差五都叫肯德基外卖有什么好分享的;男友喜欢看美剧,艾米就开着视频看他;两人能从早上睁开眼一直闲聊到晚上闭上眼,都是些鸡毛蒜皮的小事。

三个月过去了,这段异地恋情热度不减反增。

男友喊艾米小朋友,然后说自己是老家伙,于是两人第一次见面定在了六一儿童节,男方北上,在欢乐谷疯了一天。他们吃了彩色的棉花糖,坐了摩天轮,买了氢气球大摇大摆地在孩子堆儿里挤。艾米一点儿也没觉得自己二十四岁的高龄有哪儿不合适,非常乐在其中。

晚上他们睡在一张床上,艾米在又想满足肉欲又想检验真爱的矛盾中哼唧了一晚,有好几次她都想把柜子里闺密开玩笑送的避孕套甩在男方身上。重点是男方非常识趣,保持侧卧一觉到天亮。

后来,男方经朋友介绍开始拍时尚杂志,工作慢慢就多了起来,两人联系的时间就少了。有时虽然会斗嘴,但总能乐呵呵的和好。在某次争吵中,他们突然决定来一场说走就走的旅行。

目的地西塘,清明时节雨纷纷,两人窝在客栈里哪儿都没去,在镇上的第三个晚上,他们正式拥有了彼此。隔天,两人好像都年轻了十岁,买了五月天演唱会的门票当了一回粉丝。那晚,他们牵着手,互

相给对方贴"5"字的脸贴，跟着阿信一起唱《知足》。

这半年多，艾米知道他什么时候睡觉什么时候醒来，知道他今天吃什么，能揣度出他心情为什么不好，他们作为异地恋模范情侣创造了太多回忆。只是有一天艾米突然发现，一起做过那些本是情侣间一起做的事的那个人，没有继续跟她在一起。

他们分手了。

在艾米潜意识里，她跟男友上床之后才算是爱情真正的开始。这就激发了一个普通女人对于陪伴的需要，她开始不满足于电话、微信联系，她会因为只能看着显示器上的男友却触不到他而陷入伤心。但与之相反的，是男方事业的急速上升，他的恋爱观越来越趋向平和，他说："我所渴望的感情，是平淡如水却亘古流长的。"

爱情里最怕两人不在一个高度处理问题，你想如何回家，他却考虑去哪里消遣。

连请了几天的假，艾米每晚都泡在酒吧里，她尽量保持清醒，因为想听清楚邻桌情侣的对话，试图从别人身上找到自己还没失去爱情的蛛丝马迹。但结果却是徒劳的，往往听得多了自己也就更伤怀。

有一次她终于醉了，给朋友打电话哭得梨花带雨，她自顾自地嚷："两个人在一起久了，就会慢慢习惯有彼此的生活，当初跟他在一起的时候，我就是最好的我吧，因为感觉为他做的每件事都很有意义。可是我们分开以后，我的习惯却没有因为我们的分开就消失不见，比如到了某个时段，身体里的生物钟会本能的告诉我该找他了，即便心里明明很清楚已经不能找了。看到他不喜欢吃的食物，就能想到他皱眉的样子，还会忍不住笑出来；看到他喜欢的美剧更新了还是会追着看；音乐列表里都是他喜欢的音乐；分开以后，聊天记录一直舍不得删，只要是关于他的就好想都保留得好好的。

"可是这又有什么用呢，他已经离开我了。那些誓言最终失言，没

第一章 我不喜欢这世界,我只喜欢你

有了新鲜感,过不了磨合期,最终走向了灭亡。我好不甘心,还是放不下,觉得还是喜欢他。大片的恍惚,想哭,我变得好矫情,可是我就是没办法控制自己,我好想他。"

后来她还说了很多,但言语模糊都听不太清了,朋友只知道她很难过。

所有人都说,不要轻易尝试异地恋,但爱情来了,我们谁也不会眼睁睁看它溜走。

曾彻夜读《神雕侠侣》,为杨过和小龙女的生死之恋扼腕叹息。"十六年后,在此重会;夫妻情深,勿失信约。"天下第一情种杨过,信守小龙女在绝情谷山壁上留下的爱情约定,苦等十六年,痴情不改。遗憾的是,痴情等待十六年的美丽故事,虽然令人感动,却不得不说那只是逢场作戏罢了。在现实生活中,别说十六年的漫长等待,就是十六个月,也足以摧毁很多坚贞的爱情誓言,打碎很多美好的爱情期待。

真爱需要等待,但太长的等待,对爱情是一种摧残。漫漫人生,滚滚红尘,年年岁岁花相似,岁岁年年人不同。今生等不了,就别再寄望来生。奈何桥一过,又成陌路。所以,珍惜相见,珍惜相爱,珍惜拥有,珍惜身边的人。毕竟,没有谁经得起时间的改变,也没有谁可以等到来世再爱。

你是个会爱的人吗

热恋时可能从早到晚的信息轰炸,一天都有说不完的甜言蜜语,可是甜言蜜语就像糖果一样,吃多了是会长蛀牙的。如果两个人在一起永远都在无关痛痒地说着感情，生活未免太单调，就像好好的一篇文章被熬成了鸡汤，喝多了会腻。

生活里不只有爱情，两个人在一起至少要有一种共同的兴趣爱好，你们可以同样喜欢读书，可以因为书中的人物而有自己不同的看法，即使因此而争吵看起来也是那么的美妙。你们可以共同设计一个物件，即使设计出来的东西真的是丑爆了，但还会当个宝贝一样珍惜着，你们共同做一件事，享受的是其中的过程而并非结果。

爱情是享受的过程，而不是双方互相折磨。谈一场高质量恋爱，是即使有一天无法相濡以沫，但你仍会感激曾有那样一个人出现在你的生命中……

男女朋友之间，如果没有共同语言，有时候就会造成沟通困难，在热恋期还好，双方都可以相互体谅。热恋期一过，由于没有共同语言，各种矛盾冲突就会爆发，最终导致恋爱失败。共同语言在我们看来也许很难培养，但是只要我们有信心，一切都是可以的。那么男女朋友没共同语言怎么办呢？

1.学会了解对方的生活习惯

要有一个共同的语言，我们首先要对对方非常的熟悉，刚开始很难培养，因为彼此之间有太少的交集了，因此，我们要从彼此的生活习惯入手，了解彼此。

2.了解性格和兴趣爱好

当彼此生活习惯已经很了解了以后，我们再接着去了解彼此的兴趣、生活方式和性格，对待一件事情的态度、想法、思维方式等，这些我们肯定不是问出来的，而是要自己多观察，去发现。

当你们都彼此熟悉了以后，知道自己和对方在哪里没有交集，在哪里有交集，很清楚了，我们就开始培养共同语言，对于兴趣，只要自己不讨厌，就要学会去爱上她的兴趣，这样就能和对方有很多的话语去说。反过来，对方也在适应自己的兴趣爱好等，彼此的适应，让两个人多了很多的共同语言。

3.思维方式的融合

这种融合并不是完全抛弃自己的思维方式，去适应他的，而是能够去理解他为什么会这样想。当你知道了为什么，就会没有那么多的疑惑，虽然看起来没有形成共同语言，但是没有反对，就可以让两个人更加的默契。

4.参加团体活动

没事的时候可以找朋友一起多玩一些那种心有灵犀的活动，这类活动需要彼此之间很默契，明白对方说的是什么，因此多玩玩这种游戏，更加有利于彼此之间的交流、观点的认同、意见的统一，两个人之间就会有越来越多的共同语言了。

5.学会忍让与包容

我们在培养共同语言的时候，不可避免地会有争吵，但是我们都不能就这样放弃了，要学会理解，忍让，并且还要学会包容彼此，只有这样，才能培养成功。

6.多鼓励，少打击

彼此培养的过程中，多鼓励对方，有时候即使很累，对方的鼓励会让自己更加的有信心，这时候，培养起来，就会越来越容易。

7.接收彼此的一切

对于刚认识不久就走到一起的人（闪婚族），双方间的了解还十分有限，一见如故的毕竟少数，所以不管你们各自是什么性格，都要积极去融入对方的世界，多关心并接受彼此的过去。

8.不断提高自己的素养

保持双方在个人素质上程度相当，如果你们的家庭背景不是门当户对，那么在个人素养上一定不能有太大差距，要不停地充电、学习，既给对方熟悉感，又保证有新鲜感。女人不要只围着孩子、锅台转，男人也不要整天只有酒桌、工作。

9.有各自的交际圈子

举个例子，丈夫每天在外为工作奔忙、应酬，而妻子整天在家煮饭带娃，这势必导致两个人的生活内容差距太大，容易出事。没错，中国自古男主外女主内，不过时代不同、情况不同，夫妻间最好在外面都有自己一定的交际圈子。

10.适当参与对方的外界生活

你们可以适当参加些彼此的朋友、同事、同学的派对，在他/她的熟人面前展现你的知性、从容、大方 (绅士、温和、得体)，让你们彼此的生活圈子更透明些。

11.爱他所爱

每个人都是一个个体，即使几十年的夫妻也不一定能完全猜透对方的心思。为了在日常生活中有共同话题，你要多学习、了解、关心那些他懂而你不懂的事，比如，妻子可以多接触些金融、房产、政治或者是音乐的事 (那些他感兴趣的)，平常闲谈可以和丈夫探讨。

12.对未来有共同的目标

这个毋庸置疑，不管是买房、开公司，你们要做好规划、协商，步伐一致，不要急于求成，为了暂时还不可能实现的事情去争吵，两个人一起奋斗即使辛苦也甜蜜。

相处不易，除了性格方面比较难改变，尽量让你的生活经验、能力水平、品德素质足以与他相配。经过上面的步骤之后，基本上双方都有了一定的共同语言，然后在后期的过程中继续经营即可。

第二章

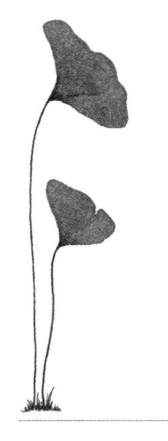

时光不老，我们不散

> 恋爱的时间能长尽量长。这最少有两点好处：一是充分或尽可能长地享受恋爱的愉悦，婚姻和恋爱的感觉是很不同的；二是两人相处时间越长，越能检验彼此是否真心，越能看出两人性格是否合得来。
>
> 这样婚后的感情就会牢固得多。

你不会冷淡，你就别想得到别人的爱

楠楠是个相貌中上等的女孩子，在一家大型国有企业工作，按说找个男朋友是不成问题的。然而，在失恋一两次之后，变得非常自卑，一旦有人给她介绍男朋友，约会之后，便急于求成，主动地说："我没意见，就看你的态度啦。"于是，又吹；再谈，再吹。这成了

"恶性循环"……

为了启发她，闺密给她讲了个故事——《土豆的命运》：当高产抗病的土豆刚传到法国时，法国农民并不感兴趣。为了提倡种植这种土豆，当局花大力气进行宣传，但收效甚微，优质土豆仍被冷落，于是有人出了一个怪招——在各地种植土豆的试验田边，让全副武装的哨兵把守。此举的确神秘之至，一块庄稼地怎么会有士兵把守呢？周围的农民无不好奇，不断地趁着士兵的"疏忽"而溜进来偷土豆，并小心翼翼地把偷来的土豆拿回去研究，种在自家地里。一个季节下来，这种土豆的优点就迅速地广为人知，于是普及开来，成为法国农民很欢迎的农作物之一。

《土豆的命运》说明"送者贱，求者贵"。忘记了是哪位名人说过的一句名言："爱人者不被爱，被爱者不爱人。"所以，在谈恋爱时，要学会拒绝，让对方觉得你有些"神秘"。让他成为"爱人者"，让自己成为"被爱者"。这样，你的"恋爱身价"就成了《土豆的命运》中的"土豆"，就可能会提升。俄国伟大诗人普希金说过，在恋爱中"你不会冷淡，你就别想得到别人的爱"。

楠楠听了"开导"，一下子变得聪明了，不久便找到了理想的男朋友……

有人或许会说，这不是教人"作假""虚伪"吗？当然不是！第一次和人家见面，便急于把自己"廉价推销"出去，"买主"一定会认为你这个人有这样那样的毛病。"送者贱，求者贵"，仔细琢磨琢磨，这里面不是有着非常奥妙的辩证法吗？

现在所有人都在急，特别的急，急着要男朋友，急着要女朋友。女朋友着急要房子，要车子，想旅游，又想享受生活，想安逸。男朋友又得拼命工作，阅历不深却又着急看透世界，甚至于连一篇文章都没有

第二章 时光不老,我们不散

时间读完,你们究竟急的是什么?

现在的爱情更是急得不行,男人遇见姑娘,急着上床;姑娘遇见男人,急着迅速掀底,到底值不值得交往;即便是交往了,也急着结婚,父母催,亲戚催;结婚了,马上要孩子;孩子出来了,马上急着别落在起跑线上,各种补习班;上了小学,急着中学,上了高中,急着大学,上了大学,又急工作。循环往复,周而复始,人们早都忘了事物的本来面目。

爱情就该慢慢来,在我刚刚遇见你的时候,你也刚好爱上我,就在一起吧,想厮守一辈子了,管它嫁妆房子,有你就好,结婚生子,顺其自然。孩子有他的童年,就像我们有过的童年一样,事情本来就该慢慢来,可是现在的时代,都提前了,屁股上都着火了,可是谁都找不到灭火器。

单身、恋爱、结婚,是感情路上三个由浅入深的递进阶段,换一种态度对待感情,更勇敢地坚持自己,更坦诚地审视情感,更睿智地对待你们的未来生活。

就算是单身,也有决不妥协的底线。即使目前是单身,也不必急于马上将自己推销出去而毫无底线地降低要求,或改变追求去迎合他人。要知道寻求幸福并没有错,越谨慎对待,意味着对待感情的态度越认真。恋爱和结婚并不像逛街一样随心所欲,选择志同道合的一个人,彼此对感情和生活的认识态度能够达成一致,拥有共同的人生方向,才能建立良好互搭的恋爱关系。

一个好的开始等于成功的一半。起点对于过程和结果的决定意义非常重要,如果在开始时马马虎虎,那么今后生活必定充满不确定性,各种危险隐患从一早就已经潜伏在内。一个向左走,一个向右走。走得再远,付出的努力再多,两人也是背道而驰,反而最终渐行渐远。只有站在同样高度以相同的加速度前行,感情才能长长久久。

你赢,我陪你君临天下　你输,我陪你东山再起

真命天子不能急于求成,在追求真爱的路上也无须委屈自己。违心改变自己恋爱初衷或违背做人原则,最终换来的只是自己不快乐。其实就像穿鞋子一样,选择合脚的穿起来才舒服。就算做个单身汉又怎么样?坚持自己决不妥协的底线和准则,只有保持"高标准",才能最终收获"高质量"的幸福果实。

结婚是一件非常现实的事情。爱情历经开花结果,最终水到渠成的结局是步入婚姻殿堂,然而如果简单地认为只有感情就足以支撑和维持婚姻,显然是象牙塔中的天真想法。现实中结婚的真实面貌不仅仅是两个人的融汇结合,更是两个家庭合而为一。除了需要你和他在个性、思想、生活习惯等多方面的不断磨合之外,更要双方家庭彼此认可,逐渐相互融会贯通,最终才能组成其乐融融的大家庭。

你需要明白的是,即使现在有许多小夫妻离开父母独立组建家庭,仍然不可避免地需要与各自父母进行必要的联系和沟通,更会日渐深入地接触对方的家庭。在这个过程中,随着了解深入,两种不同背景产生的家庭文化势必会产生不同程度的冲撞,这就像不同地域、国家的文化碰撞出火花一样,你会惊异地欣赏这种奇妙现象,但有时也会为此苦恼。

面对婚姻不必想得过于美好,但也不必视其为洪水猛兽,两个家庭的背景文化、成员结构、财富实力、教育观等都将成为双方直接面对的问题,并且对今后二人世界的建设经营至关重要。而这些问题,在结婚之前、结婚之后始终存在,不容忽视,越早认清现实积极面对,越有利于婚姻的完美组建。

我不会对你说:"请给我幸福。"希望你对我讲:"让我们一起幸福快乐地生活吧!"就这一句,足够了。

"请给我幸福"是许多女人梦寐以求想让男人说出口的一句话。如果她的男人能说出这句话,意味着这个女人已经找到真正属于自己的

另一半，可以全心全意将自己交到他手中，无所畏惧地依赖对方。然而，安全感这种东西，索取得越多，实际上会让自己越被动。为什么自己的幸福要靠别人的承诺来实现呢？对未来生活的期待和希望明明应该是两个人心照不宣的共同追求，为什么需要开口去索取？

由自己口中说出这句话，即使只是简单的一句誓言，尽管这是理所当然，听起来也有几分请求的意味在里面。其实真正的幸福不需要自己索取，如果他有心如此，如果他真的愿意和你一起创造未来生活，就会自己主动说出"让我们一起幸福快乐地生活吧"这样的话。这种男人才是值得托付的人，他对待感情责任感十足，会勾画将来的生活蓝图并以此为目标努力奋斗，而不是将目光仅仅留在当下。对你们的未来生活进行思考，才会对你和这段感情用心良苦。如果他一本正经地对你说出这样的话，不妨仔细考虑一下他哦。

一段爱情最长可以维系多久

一段爱情最长可以维系多久？如果从科学研究的结果来看是36个月，也就是三年的时间，专家说，在36个月之后，情感就变得复杂起来，有爱情的成分，也有可能转换为亲情或者友情。

每一段感情刚刚开始的时候，我们都在奢望天长地久，而在这个社会中，爱情变得脆弱和不经风雨，如何才能让爱情历久弥新呢，作为情感节目主持人，我见过大量的爱情案例，总结之后我认为方法只有一个，那就是——凡事慢慢来！

我们的长辈，感情方面常常比如今的年轻人更加稳固，除了思想观念老套以外，和当年开始感情的方式有很大关系。

那个年代，大家思想保守，从见面到拉手可能得半年的时间，这半年里没有手机可以联系，所有的思念全部在脑海里翻腾，一遍又一遍，那种美好的体验是一种非常愉悦的感受。

从牵手到拥抱，可能又得几个月的时间。

那种渴望，那种激情，积攒到一定程度了，才是结婚，才是日夜拥有。

周伟是真正的钻石王老五，大家都会觉得他身边一定美女如云，可是有一次聊起来，他却很苦恼地告诉大家，他很难找到真爱，因为他喜欢追求的过程，而每次看上一个女孩子，几乎都是不用太追求就已经拥有了，所以很快就觉得索然寡味。

另一个故事是这样的：

有个女子，和丈夫在一起八年了，从来没有和丈夫一起沐浴过，也没有一起更衣过，甚至睡觉都习惯穿着袜子，她的理论是：对男人要一点点地给，一次让他吃饱了，他下次就没有胃口了。就比如一个女人和男人在一起了，很快就裸着在家里走来走去，最初那个男人可能会很有兴致地欣赏，但很快就会觉得熟视无睹、索然寡味。

认真想想，这不正是细水长流的古老爱情观吗？

爱情中，我们常常变成了施舍者，对方要什么，我们就大方地给什么。

其实如果你很少说"我爱你"，说一次他就会无比珍惜。

"物以稀为贵。"爱情中，这句话很重要，慢慢地给他你的情感，你就会收获更长久的爱情。

第二章 时光不老，我们不散

一个即将出嫁的女孩，向她的母亲提了一个问题："妈妈，婚后我该怎样把握爱情呢？"

"傻孩子，爱情怎么能把握呢？"母亲诧异道。

"那爱情为什么不能把握呢？"女孩疑惑地追问。

母亲听了女孩的问话，温情地笑了笑，然后慢慢地蹲下，从地上捧起一捧沙子，送到女儿的面前。

女孩发现那捧沙子在母亲的手里，圆圆满满的，没有一点流失，没有一点撒落。

接着母亲用力将双手握紧，沙子立刻从母亲的指缝间泻落下来。待母亲再把手张开时，原来那捧沙子已所剩无几，其圆圆满满的形状也早已被压得扁扁的，毫无美感可言。

女孩望着母亲手中的沙子，轻轻地点了点头。

其实，那位母亲是要告诉她的女儿：爱情无须刻意去把握，越是想抓牢自己的爱情，反而越容易失去自我，失去原则，失去彼此之间应该保持的宽容和谅解，爱情也会因此而变成毫无美感的形式。

每个人都希望自己永远拥有幸福美满的爱情，那么不妨学着用捧一捧沙的情怀来对待爱情，好好珍惜，好好捧握。

不是所有东西只要牢牢抓在手里就能一直拥有。有些东西很尖锐，抓得太紧就会受伤；有些东西很细小，抓得太紧就会从指缝间溜走。爱就如指间沙，握得越紧，失去得越多。

父母把孩子当作手心里的宝贝，细心呵护着孩子成长。只是有时候父母担心得太多，控制着孩子的自由，反而折断了孩子的翅膀，让孩子无法飞翔。对父母来说，这是父母对孩子的爱，但对孩子来说，这是父母对孩子的束缚。父母抓得越紧，孩子对父母的感情就会越淡薄。

谈恋爱的时候容易患得患失，稍有风吹草动就会草木皆兵，怀疑对

· 31 ·

方感情出轨。一旦怀疑的种子种下了，任何解释和证明都只是诡辩，然后想尽办法找出对方出轨的证据。没有人能够接受被恋人怀疑，当解释毫无用处，当失去解释的耐心，感情就会被怀疑一点一点地消磨殆尽。也许分手了，才知道一切不过是一场误会，却因为怀疑得太深，毁掉了一份美好的感情。

无论是亲情还是爱情，都是一种爱。爱的方式有很多，然而有些方式只会把对方越推越远。爱有时就像手中的一捧沙，不能紧紧地握住，否则沙就会从指缝之中落下，掌中的沙子就会越来越少。等惊觉手中的沙子在减少的时候，放松双手，风一吹，掌上仅余的沙就随风而扬。手心还保留着当初满满的重量感，可是现在早已空无一物。

爱不是牢笼，不能囚禁。爱如手中沙，容不得过分的束缚。爱需要细心呵护，但也要给予适度的自由，让爱的人自由高飞。等他疲累的时候给予一个休息的地方，给他再度飞翔的力量。

相爱就要亲密无间，甚至希望成为相同的两个人吗？周国平说，好的两性关系有弹性，彼此既非僵硬地占有，也非软弱地依附。如果爱情无法呼吸，迟早窒息。

肯留下来争吵的总是爱你的

心理学家认为，情侣之间的吵架是一种重新找回界限的方式，是彼此心灵成长的必经之路。

大多情侣吵架的心理路线图：男人犯错了，女人很生气，开始不断地唠叨，说男人变了。男人想，你无不无聊啊，简直是无理取闹。到最

第二章 时光不老，我们不散

后，女人更想不通了，妈妈说得对，天下没有一个男人是好东西。姑娘们，你想想自己是不是这样？

先讲两个故事。

第一个故事里的姑娘叫阿朱，她是一个报社的记者，和绝大多数记者一样，阿朱做事麻利干脆，但性子有些急。

阿朱短发，年轻，外向开朗，所以从大学开始就追求者不断。她倒是也谈过好几个，但大多无疾而终，工作几年后，终于遇上了一个真命天子。

这个男生也是个记者，和阿朱的性格、脾气、爱好几乎是一模一样。用阿朱的话来说，这就是在世界上发现了另一个自己，男版的自己。

许多人都觉得，两个性格、脾气、爱好都一致的人，应该会很合适。刚开始，阿朱和男朋友也这么想，甚至他们的朋友也很羡慕，感觉这是天造地设的一双。

但真的如此吗？

他们在前几个月的热恋期内，几乎完全没问题，不管做什么都很合适，两个人相处得惬意极了，所以从第三个月开始就决定同居。

但同居一开始，问题马上出现了，而且问题就出在完全一致上。

两个相同的人，真的适合在一起吗？当你没有遇见问题时，一定会觉得适合。但真正的问题，是没有经历过的人看不到、想不到甚至理解不了的。

譬如说，两个人喜欢吃同样的东西这很好，但东西就那么多，两个人都喜欢吃就难免要争抢，这就是矛盾。两个人性格相近挺好，但是如果都是力争要赢，不想输，那就完蛋了，连吃个饭都要争夺一番，更别说遇到的其他问题。

再譬如说，两个人都是干脆利落的人，但脾气却都急，这让他们遇

你赢,我陪你君临天下 你输,我陪你东山再起

到事情的时候,都会顿时爆炸,没有人愿意忍让,也没有人愿意服输。

你看到了,其实性格一致除了可以去做一样的事情外,你们还有同样的底线、同样的怒点、同样吵架的点。而两个常年生活在一起的人,每天都在碰撞,结果会怎么样呢?

阿朱和男朋友之间日日小吵,三天大吵,到最后,两个人精疲力竭,只好分手了事。

阿朱在分手的那一天,居然还感觉到了轻松,虽然那是个曾经认为最适合自己的男人,但是谁又能忍受去吵一辈子的架呢?

这是一个关于吵架的故事,我们结婚,是为了过日子,而不是每天逼着自己去接受争执,这种负能量的东西,如果经常有,那只能说明你们在一起不合适,过日子是不能经常吵架的。

但同时,我们又有另外一个故事。

有一对夫妻,妻子是老师,丈夫是公务员,年纪都是三十多岁,结婚有接近十年,没有孩子。

在邻居和亲戚的眼里,这对夫妻简直是家庭和谐的模范,除了没有孩子之外,其他样样都好。邻居说起来,住了十年,从没听这家人吵过架,也没见他们红过脸。如果这个世界上有最和睦的夫妇,那他们绝对就是。

按理说,这样的婚姻关系应该没问题了吧。但就在第十年的末尾,毫无预兆的,两个人离婚了。

旁人大惊失色,赶紧来劝。可这对夫妻却是和平分手,而且并没有太多的理由,只是感觉日子没办法继续过下去了。

很奇怪是吗?大家都觉得很奇怪,但最终他们说了一句话却解开了谜底:"永远不吵架的是什么人呢?只是客人。"

第二章 时光不老，我们不散

正常人在一起，不管感情有多深，多多少少都会有矛盾，就算你和父母之间，那么亲的关系，也总有吵架的时候。为什么会有人在十年里都不吵架呢？原因只有两个：一个原因是客气，他们互相把对方当成了客人，所以谨慎地生活在一起；另一个原因是他们的生活尽可能的没有交集，各自过各自的，所以才不会有冲突，不会有矛盾。

而这两个原因都不太像是正常的夫妻关系，所以旁人的观感往往是错的，他们觉得只要不吵架不红脸就是好的，但其实错了，正常的感情，是一定会吵架的。

很多人可能觉得真正相爱的两个人都是和睦相处，相敬如宾，从不吵架的。大错特错！怎么会勺子不碰锅沿呢？可能一个眼神，一句话，甚至是一个表情都会成为导火线。这就是生活啊！其实真正相爱的人，就是吵了一辈子还在一起。所以我们鼓励吵架。

第一，吵架是爱的表现。不爱的话吵什么呀？

生活中，你可能会看到闺密和她男友吵架，吵得哭哭啼啼的来找你，说什么她要跟他分手，她再也不原谅他了。你费死了劲在那又劝又安慰。可是用不了两天，人家两人又在一起搂搂抱抱了。就这么跟你说吧，对那些终日以吵架为生的夫妻而言，任何"和事佬"都是浮云。

这就像刘墉说的："最没救的爱是不关心，最不进步的爱是混日子。至于那些三天一大吵、两天一小吵，不是好得要命就是恨得要死的，常常不是不爱，而是太爱。"你懂了吧，吵架就是两人间的必需品。

一个事实是越相爱就越容易吵架，而且女孩子喜欢谁就跟谁吵。所以说不吵架不一定是爱，吵架也不一定是不爱。

第二，吵架是一种心理需要。

说直白点，大家都用过高压锅吧，不就是用憋着的气使锅里的温度增加，把这锅肉炖得又快又好吗？但最关键的是要随时放放气阀。这就像我们的爱情，两个人的生活里面不可能没有情绪，两个人适度的压力场才能构成两个人的感情。吵架就是那个撒气阀，吵一次撒一点，作为生活的调剂。

说到底，吵架是疯狂地交流，肯留下来争吵的总是爱你的。电视剧《奋斗》中，杨晓芸和向南这对小夫妻在民政局办离婚时的那场吵架多逗，吵着吵着居然不离了。你再看看那些看似和平相处的情侣，其实都在暗自给对方画着小叉叉，一旦集齐七个，分分钟就能召唤神龙，引爆心里的那颗定时炸弹。这满藏积怨、蓄势待发的暗涌可是比段子横飞的吵嘴严重多了吧？

所以说啊，当你感到愤怒时就表达出愤怒吧。因为情侣之间的相处就是这样，当另一半连吵架都不愿意多说一句话的时候，那才是离分手最近的时候。

说到底，全世界情侣吵的都是同一个东西：我是对的，你是错的。关键就是谁能从吵架这个螺旋中跳出来。

有的情侣感情越吵越好，而有的吵着吵着就分手了。想想也很简单，男人来自火星，女人来自金星，这两个星球上的不同物种，刀光剑影的那一刻，男人在乎的是事情，但女人在乎的是态度嘛。

第二章 时光不老,我们不散

再绚烂的烟花,也不过转瞬即逝

爱情这东西,很容易让你走火入魔,也很容易让你情不自禁地为她着迷,也会让你在不知不觉中就进入幻想,将各种爱情偶像剧或小说中才有的浪漫情节运用到现实爱情中,幻想着自己可以拥有一段刻骨铭心般惊天地泣鬼神的爱情。

大卫很爱女朋友肖肖,为了能给肖肖幸福,他每天加班加点的苦干,就为了多赚些钱,好和肖肖结婚。

这天周末他本来想约肖肖出来玩,可看见游乐场里招聘临时工扮米奇,一天一百块,他二话没说走进去报了名。游乐场的领导一看他的个头,立刻就聘用了他。

很快大卫穿着厚重的衣服、戴着沉重的米奇头套,走在游乐场里,不断有小孩争抢着和他照相,大热的天他在米奇头套里闷得大汗淋漓,就在他想要摘下头套擦汗的时候,肖肖熟悉的身影进入了他的视线,他好奇地跟过去。只见一个男人抱着孩子跟在肖肖的身后,不断地和肖肖说着好话,想哄肖肖开心,肖肖一脸厌烦,对男人不理不睬。

这时候男人怀里的孩子哭着找妈妈,男人满脸是汗地把孩子放到肖肖怀里说:"亲爱的,你抱一下孩子,我去给你们买冰水。"肖肖撇撇嘴,接过了孩子,很不耐烦地嘟囔着:"哭什么哭?再哭我就不要你了。"嘴里虽然这么说着,可还是轻轻地擦去了孩子脸上的泪痕。

大卫看得目瞪口呆,为了证实他没有看错,他拿起电话打了过去。远远看见肖肖看了一眼电话,脸色巨变。她刚想接通,见男人风风火火地走回来,她急忙关了机。这时候男人走过来把孩子接了过去,搂

你赢,我陪你君临天下　你输,我陪你东山再起

着她的肩膀说:"肖肖,咱们去坐碰碰车。"

大卫看着他们的背影逐渐消失在人群中,仿佛一盆凉水从头浇到脚底,让他感觉彻骨的寒冷。

第二天大卫约肖肖出来,问她昨天干吗去了。肖肖笑着说:"我出差了,不方便打电话,你想我了吧?"

大卫淡淡地说:"你有老公,还有孩子。对吧?"

肖肖的脸刷地一下红了,她颤抖着声音说:"你……你知道了?"

大卫冷冷地说:"为什么骗我?"

肖肖扑到他怀里急忙解释说:"我是有老公和孩子,可是我老公不爱我,他有外遇,我早就不想和他过了。你带我走吧!我是真的爱你。"

大卫使劲推开她的手说:"别再骗我,我希望你对我讲真话。"

肖肖茫然地站了起来说:"他的工作很忙,常常忽略我,但是……对我确实很好,可是自从我遇见了你,我就深深地爱上了你。我可以把他的钱都带走,存折都在我这里,求你带我走吧!没有你我会死的。"说完她忍不住呜呜哭了起来。

大卫冷笑一声说:"好,我带你走,不过你要先和我去个地方。"

肖肖毫不犹豫地点点头,大卫用一块布蒙住了她的眼睛,然后让她坐在车里,车子开动后走了很久停了下来。大卫说:"假如我们现在已经私奔到了一个繁华的都市,你现在想到了什么。"

肖肖的脸上带着向往的微笑说:"我很开心。"

车子又启动了,走了一段路后突然停下来。大卫说:"你的老公天天给你打电话,家里孩子找你哭得死去活来,你回不回去?"

肖肖脸上的微笑被悲伤代替,她紧紧握着双手,说不出一个字来。

车子又启动了,走了一段时间又停了下来。大卫继续说:"如今,你老公彻底放弃了找你,因为有个女孩出现在你老公的身边,你感觉怎样?"

第二章 时光不老，我们不散

肖肖的脸由青变白，手不住地扯着衣服，紧咬着嘴唇没有说话。

于是车子又开动了，这一次基本上刚开就停了下来，大卫焦急地说："我们花光了你带出来的所有的钱，生活变得贫困，怎么办？你要出去赚钱了。"

肖肖脸色转青地说："我什么也不会干，怎么出去打工？"

大卫叹了口气接着说："哎！告诉你个不幸的消息，你老公和那个女孩同居了，你猜这个女孩会对你的孩子好吗？"

肖肖突然激动地大喊，"不！我要回家。"说着她扯下眼睛上的布，急忙推开了车门，车就停在她家门口，她哭着对大卫说："对不起！你会恨我吗？"

大卫悲伤地说："我没有必要恨你，因为你还不懂爱情。我只希望你走下我的车之后，不要回头，安心地和你老公生活，不要再去幻想爱情有多美丽，平淡的生活中才有你应该珍惜的人和情感，这些都是你无法丢掉的。"

肖肖深深地看了一眼大卫，惭愧地跳下车，头也没回地向家走去。

坐在车里的大卫，泪流满面……

年轻的时候，我们总以为爱情就是天空中绚烂的烟花，耀眼，夺目。我们总是迫不及待地炫耀自己浪漫的爱情：娇艳欲滴的玫瑰，闪烁的烛光，曼妙的音乐，还有无数的甜言蜜语。我们不停地在各种社交网络上贴出甜蜜的合照，巴不得全世界都看到自己的幸福快乐。但是，我们往往会忘记，再绚烂的烟花也不过转瞬即逝。当所有的一切归于平淡，当我们面对生活中无数烦琐的鸡毛蒜皮的小事，我们会悲哀地发现，曾经的浪漫在平淡的生活中渐渐地消失，而这样那样的责任成为我们生活的主旋律：赡养老人，养育孩子，在生活工作上相互扶持，共同面对一切的风风雨雨。你会觉得，这不是你想象中的爱情，这只是在重复我们父母的生活。

可是，这样共同生活在一起的人，到最后却成为我们羡慕的那种人，那种在青丝成雪时依然能相依相伴的人。或许他们从来不曾拥有鲜艳的玫瑰，但他们会在对方疲惫的时候及时地递上一杯清茶。或许他们从来没有在摇曳的烛光下共进晚餐，但在他们晚归的每一个夜晚，抬头时总会看见家里那盏守候的灯光。或许他们从来不曾甜言蜜语，甚至终其一生也没有说过一句"我爱你"，但是当大难来临时，他们会坚定地握着彼此的双手，共同面对一切的苦难。

在这个流行速食爱情的年代，我们总是被别人的爱情感动。一凿一斧开凿出来的爱情天梯，百岁老人的婚纱照，为爱等候一生的大学教授……但是，我们总是只看到别人生活中的繁花似锦的浪漫，而选择性地忽略贯穿在别人伟大爱情中相互扶持、相互依偎的责任和义务。或许，我们应该铭记，爱情不仅是风花雪月、花前月下的浪漫，更是相互包容、相濡以沫的责任。

天上没馅饼掉，也没完美的爱人。想要男人懂得，就要先做让对方能理解的事；想要女人温柔，就要先让对方感受到宠爱。没有爱情是不劳而获的，真诚、勤奋和持之以恒，同样适用于爱情的考场。

慢慢来，什么也不会错过

现在的时代是个快速发展的时代，与此同时还有各种快速经济：速溶咖啡，肯德基快餐，连电动车都有快速充电。我们急着生活、急着打拼，却错过了很多美好的风景，让生活放慢脚步，让生活慢下来，

第二章 时光不老,我们不散

也许会别有一番收获。

下面是一个男人的倾诉:

我刚从美国回来的时候,认识了一个女孩,彼此都很有好感,她是那种很热情的女孩,而我比较偏内向,她的健谈和大胆很吸引我。我也明确地表示过我喜欢她的热情,但约会三次后,我发现她的热情燃烧得太快,让我很不适应。

她会随时随地给我打电话,问我在做什么,如果我说在开车不方便接电话,她就马上会发来短信叫我小心开车;如果我说在开会,她就会帮我叫外卖说怕我忙忘了;如果约会我迟到了,我还没开口解释,她就会很理解地说"塞车的时候很烦躁吧,快,先喝口水"。

开始我的确觉得她很贴心,有个女人总是能替你着想,对于一个重事业的男人来说这非常好,但后来就吃不消了。不停地胡思乱想:我很年轻,有很好的事业,这些会不会成为她如此热情的动机?当然,大部分时候,我愿意相信她是个单纯的女孩,但我又会有另外的担心,她对我这么好,而我目前一心只想发展我的事业,我在控制自己不要轻易地陷入爱情而放弃理想。这么一来,我就会担心不能给她对等的关怀,有一天会伤害到她,这让我觉得很内疚,于是再见到她时,原来的那种轻松全都没有了,转而变成了一种负担。

经常在电视上看到各类相亲节目,《非诚勿扰》《百里挑一》男女嘉宾出场就抛出自己的爱情信条,各种标准,符合自己的就牵下台离场,爱情变得也越来越快节奏。闪婚的多,闪离的也不少,可是,爱情本身是很美妙的东西,都没有慢慢品尝这酸甜苦辣的过程,就急着摘果子。对待爱情我们不妨慢下来,细细寻觅,才有"众里寻他千百度"的曲折,才能品味"执子之手,与之偕老"的美妙。

你赢，我陪你君临天下　你输，我陪你东山再起

　　经常看到有白领过劳死、猝死的新闻。俗话说得好：留得青山在，不怕没柴烧。工作固然重要，但身体更为珍贵，也许有老板给的压力，也许有来自同事的压力，当然还有更多是自己给自己的压力，想让自己快速升职、快速加薪。对待工作我们不妨慢下来，认真仔细，别急于求成，别给自己那么大压力，才有"仰止弥高，钻之弥坚"的高度，才能快乐地工作、快乐地生活。

　　想想自己有多久没看看周边的风景了，有多久没有坐下来静静地思索了，在急着上路的同时，我们不妨放慢脚步，细细欣赏周围美好的事物，细细品味生活的酸甜苦辣，真的会别有一番收获！

　　一个优雅的现代女性，她的爱情应该是浪漫感性中不失理智现实，减几分浓情蜜意，多几分淡然淡定。只有在心中永远为自我保留一方独立空间，在爱情中女人才能不再彷徨迷茫，拥有坚定目光、自由灵魂的女人才是爱情中的主宰者。

　　爱情，一个常谈常新的话题。倘若问一句"何为爱情"，相信每一位女性心中都会给出自己的答案。从情窦初开、懵懂青涩的少女，一路长成温柔贤淑、成熟优雅的女人。种种蜕变之外，最难以舍弃的恐怕便是女性对爱情恒久不变的瑰丽幻想。不过，只有在心中永远为自我保留一方独立空间，在爱情中女人才能不再彷徨迷茫，拥有坚定目光、自由灵魂的女人才是爱情中的主宰者。

　　优雅从容的女人不会要求对方完美无瑕、对自己痴迷忠贞，因为她们懂得这些期盼都是电影和小说中的理想情节。而现实人生中，如醉如痴的爱只是婚姻的头盘，而不是主菜。理性地看清了这一点的女性，对待爱情和婚姻的态度会更加收放自如和淡定智慧。

第二章 时光不老,我们不散

和他交换的不是嘴唇，是耳朵

　　他与她从相识到相爱，一切都很自然。她被他的阳光、幽默深深吸引，他则喜欢她的文静、可爱。恋爱的日子总是甜蜜的，一个眼神，一个动作都充满了默契。她与他在一起整个人也开心很多，两个人常常像孩童般嬉戏打闹，充满童真的乐趣，这样的日子总是幸福甜蜜的。热恋中，他们会随时思念对方。一个电话，只要听到对方的声音，就满足了。他对她体贴备至。知道她上班辛苦，中午吃饭晚，他亲自做一份爱心便当，给她送去。她吃着他做的便当，内心深处充满感动幸福。而他看着她吃着自己做的便当，开心不已。晚上他会接她下班，两个人牵着手，走到车站。坐上公车，经历一天的忙碌，她感到有些疲惫，便会将头枕在他的肩上，静静睡去。他看着她可爱的睡姿，心疼不已，眼神里满是怜爱。她对他的爱也无微不至。天冷时，她会用很短的时间为他精心编织手套、围巾抵御寒冷，戴着她织的手套与围巾，他的内心被暖暖的爱包围着。当他心情不好时，她静静守在他身边，给他安慰。当他工作中遭遇问题时，她积极帮他分析解决掉问题。当他成功时，她从内心为他感到高兴。

　　夜晚，吃过晚饭。两人坐在沙发上看电视，他的头枕在她的双腿上，像孩子一般。她感到幸福温馨。只希望时间永远停留在这一刻。

　　然而，随着时间的推移。他与她之间的那份爱慢慢地淡了。生活、工作的压力让人透不过气来，两人早已没有了最初的甜蜜。两个人之间懒得沟通，虽然深爱着对方，却只是放在自己心里，不会主动告诉对方。随着他的升职，工作越来越繁忙，无暇再去顾及她的感受。而她越来越没有安全感，开始对未来没有把握。她怀疑他心里没她了，

你赢,我陪你君临天下　你输,我陪你东山再起

开始抱怨,而他则认为她不理解自己,认为她变了,变得不可理喻,于是两个人开始争吵。爱情就在猜疑、争吵中慢慢消耗。渐渐地,他与她累了、倦了,她含着泪提出分手,他舍不得她,毕竟在一起久了,感情深了,然而自己确实身心疲惫。如此折磨着双方,倒不如放开好,于是他忍痛同意了。就在他点头的那一刻,她的心碎了,一片一片滴着的血无声地掉下。她泪流满面地跑着离开,因为她怕自己后悔。他想去追她,但还是没有,其实他的心里也如刀割一般疼痛,他感觉自己的心被撕碎了。

她拼命地工作,想以此来忘记他,他又何尝不是如此。然而,越是想忘记,越是事与愿违。思念反而越来越重,曾经的点点滴滴像过电影般在脑子里浮现。对对方的牵挂也越来越重。终于有一天,他忍受不住思念,去找她。她见到他的那一刻,发现他瘦了好多,忍不住流泪。而他在看到她的那一刻,也发现她憔悴了好多,消瘦了好多。心疼不已,不顾一切将她搂在怀里,她想挣扎开,而他却拥抱得越紧,她想说什么,他却用嘴唇遮盖住她的唇。她不再挣扎,眼泪悄悄流下,而这泪包含了幸福的味道。直到这时,他们发现自己深爱着对方,只是未曾告诉对方。

爱,需要沟通,正是因为把一切都放在心里,而不说出来。他们差一点失去对方。生活中有多少情侣不是因此分开?如果你不想失去心爱的人,就心平气和地沟通,把自己内心的想法告诉对方吧。这样,爱情才会健康长久。

然而生活里又有多少恋人会在对方亮出最后底线前,抓住了对方呢?因为恋人之间的"不真诚"导致的"不一致"而说再见的还少吗?

有效的沟通不只在于你的信息是否被传递了,还在于是否被听的那一方接收到了。

恋人因为爱你，会顺从你的心意，隐藏自己内心的真实想法。为了表面的和平而选择压抑自己，这样在内心深处可能会有更深的怨念和气愤。尤其当你一再敷衍，两者的不一致拉得越大，留下的困扰就越深。

就像你画我猜一样，你什么都不做，不比画，我就永远不知道画上的是什么。

尤其讨论的内容是不舒服的，需要直面答案的。人们很容易变得感性，产生猜疑，责备对方，同时还有防范性和逃避性。担心答案就是心里最怕的那个，开始消极，变得暴躁。好好的一句话，也变得不被理解。

一方面会去打断对方的话，会不想听对方说话；另一方面会想让对方表达。特别是易乱想纠结型。那无疑又将彼此的距离在心里拉开，形成自我意识中的深渊，独自在底部舔着伤口。

学会变通，坦白是底线，但坦诚是可以做到的。对方要的只是一味强心剂，她并不是要做你肚子里的蛔虫知晓你的一切。你不愿说，留作惊喜的部分，不如通过坦诚的方式让对方知道一些。不至于她在心里不晓得蔓延出多少剧情。

引导对方，至少要让对方知道你想的，你计划或担忧的。恋爱需要心计何况生活呢。

一辈子路太长，懂得理解的分量。恋爱里除了爱，还有很多东西。需要彼此去沟通，将耳朵捂住，自己的打算只告诉自己的耳朵是行不通的。

和恋人交换耳朵，分享一下彼此吧。

你赢,我陪你君临天下　你输,我陪你东山再起

可以随时牵手,但不要随便分手

  茫茫人海如果可以找到一个自己心仪的、互相喜欢的人,不容易,也是多么大的荣幸。也许事事不是你想的那样,没有如此完美,或许没有你想象得那么好,应该也不会糟糕到哪里去。生活本来能没有那么美好,所有幸福都要知福惜福好好珍惜。多说关怀话,少说责备话,人与人之间是需要互相体谅。爱人也同样。

  如果你懂得珍惜,你会发现你获得的越来越多,如果你一味去追求,一味地向前,为了自己的追求,不顾一切,给自己太多的压力,不注重珍惜,你会发现你失去的越来越快、越来越多。

  因为,人生没有绝对的完美,而且永远是有缺憾的。人有缺憾不是一种悲哀,悲哀的是为了掩饰缺憾,而错失人生中的美丽风景。人的世界本来就有诸多的缺憾,不完美才是完美,太完美了就不真实。

  爱情,合适就好。不要委屈将就,只要随意,彼此之间不要给予太大压力,也不要相信完美的爱情。其实,你只要知道,人无完人,每个人都会有缺点。一种纯朴的可爱就足够了,一种生活的真实就可以了。

  这是她第三次和他说分手,她以为他会发短信来说:"你考虑清楚了?不后悔?"因为她记得,上次她说分手时,他曾说过下次他将再不原谅她,将再不会回头,不管他有多爱她。

  她考虑了很久,才发出要分手的短信。其实她很爱他,她喜欢常常能见到他,可他偏偏很忙,不能陪她,也不发短信解释。她觉得,他根本没有把她放在心上。可她又知道,他不是故意的。他是真的要工作,压力很大,很累,有时不想发短信。或者,每个人表达爱情的方式都

第二章 时光不老,我们不散

不一样,他是爱她的,只是她觉得不够。

总是为小事生气,发脾气,和好;再生气,再哄,再变回老样子。时间久了,她觉得好累。与其这样折磨,不如早点分手。

他收到短信开玩笑似的回复说没有收到,什么都没看见,说"不想再听这样的话"。这倒很出乎她的意料,她不知为什么。

新年的街上熙熙攘攘,看着身边一对对脸上洋溢着幸福笑意的情侣,觉得心酸。"既然决定放手,就不要犹豫、不要回头,注定没有结果的爱情还是早点结束的好。"她这样劝着自己,塞上耳机把音量调得很大,一个人在街上逛,她以为自己足够坚强,可是为什么眼泪还是大颗大颗不停地滑落下来。

他给她打电话,她接了,却只说"嗯"或拖着长音的"嗯",她哭得很厉害。她说要分开段时间想清楚再联系。他说"不要",她还是说"嗯"。

一个人去逛超市到快打烊时才出来,因为不想一个人在家,出来时却发现已没有了回家的那班公交。很晚了,她很怕。发短信给他问坐什么车能回家,他叮嘱了一番说到家给他发短信。却还是坐车从很远的地方赶了过来,见到了,先接过她手里的两个大塑料袋帮她提。

寒风凛冽的夜里十二点,他们还在公园里走着。他问她又怎么了,又在想什么,怎么又要分手。她说他还是不懂她,不懂她在想什么,跟他这样的人没办法沟通,他不知说什么好了。她突然很心疼他。他工作很累,她不仅不体谅,还常常为小事跟他发脾气,他从来不生气,只是哄她。仔细想来,她好像不生气了,她好像原谅他了,她爱他,此刻更是。

"分手"请不要轻易说出口,或许他是爱你的,只是不懂怎样去爱,不懂该怎样去做罢了。珍惜真爱,不要轻言放弃,不要轻易放弃一生

你赢,我陪你君临天下　你输,我陪你东山再起

的幸福……

　　作为女孩子都喜欢浪漫,都喜欢爱情美满,虽可以浪漫,但不要浪费;可以随时牵手,但不要随便分手。每一个人都期待着一份至死不渝的感情。

　　得不到的东西永远都是最好的,失去的恋情总是让人难忘的,失去的人永远是刻骨铭心的,珍惜或放弃,都是我们生命中必经的过程,也是我们生活的一种经历。做好自己,不要为了讨好别人改变自己,当然,也不要为了某些因素,固执不通。

　　爱情不是等你有空才去珍惜,我们相遇,是缘分。为了这个缘分,我们可能都在努力去适应对方,一切只想顺其自然。

　　生活应该放松,别给自己太多压力,什么样的心态会给予什么样的生活。不管你再怎么相信缘分,请你不要在爱情失去后,才想到要去珍惜,爱情不是等你有空才想去联系、去挽回的。

　　每个人的生命里,都会遇到不少人,各种性格,各种不同的人。可又有几个是你的知音呢?又有几个是深爱自己的人?又有几个是你深爱的呢?与其众里寻他千百回,不如珍惜、疼爱眼前人!

第二篇

致友情——

  世界很大,幸好有你

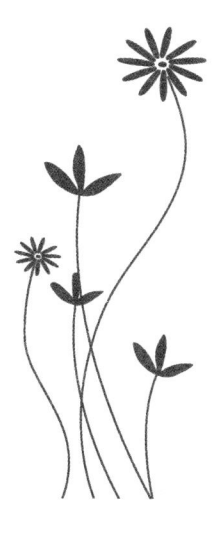

第三章

我可以失恋1000次，但不能失去你1次

朋友的可贵不是因为曾一同走过的岁月，是分别以后依然会时时想起，依然能记得：你，是我最想要的朋友。

人生中，观众向来比朋友多

分享是一种友情，与你的朋友分享你的快乐，是一种快乐！与你的朋友分享你的痛苦，是一种分担！生活中的痛苦和快乐，思想和感受没有人分享，对人生是一种惩罚。同时，你也没有友情！

从前，有一个犹太教长老，特别爱打高尔夫球。在一个安息日，他非常想去打一会儿。按照犹太教的规定，信徒在安息日必须休息，可

第三章 我可以失恋1000次,但不能失去你1次

他实在忍不住了,就偷偷地来到高尔夫球场。空旷的场地一个人也没有,长老高兴地想:我只打九个洞!可就在他打第二个洞的时候,就被天使发现了,天使非常生气,到上帝那告状,要求上帝惩罚这位长老。上帝答应了天使的要求。

长老正打第三个洞,他轻轻一挥球杆,只见球在天空划了一个完美的弧线就进洞了。哦,如此完美!天使默默地注视着这一切,令她意外的是接下来的几个球,长老都是一杆就打进去。

天使非常不理解,也非常生气,就去指责上帝,上帝笑着说:"我已经惩罚他了!"天使看看长老,只见极度兴奋的长老早已忘了只打九个洞的计划,决定再打九个洞。还是那么顺,每次一杆就进,慢慢地,长老的脸色不再那么兴奋了。上帝语重心长地对天使说:"你看见了吗?他取得这么优秀的成绩,心里非常高兴,但是,他却不能和任何人讲这件事,也不能和任何人分享心中的快乐,这不是对他最好的惩罚吗?"

你有一种快乐,分享给一个朋友,就有了两份快乐。你有一个烦恼,分享给一个朋友,那烦恼也就分成了两半相互分担。分享能够让人减少痛苦,获得快乐。因此,当有个人想和你分享他的痛苦和快乐的时候,他已经把你当成朋友了。所以,能够分享你的痛苦和快乐,思想和感受的人才是你不可多得的朋友。

人生中,观众向来比朋友多。

观众只会让人从视觉上感到舒服,朋友却会让你内心感动。朋友不是天天见面、吃喝玩乐、相互吹捧,而是懂你,在精神上、灵魂上支持你、鼓励你、帮助你,在你有所不足时,指正你。

关心,不需要甜言蜜语,真诚就好;友谊,不需要日日见面,记得就好;问候,不需要语句优美,真心就好;爱护,不需要某种形式,温

暖就好。真正的朋友不是不离左右，而是默默关注，一句贴心的问候，一句有力的鼓励。友不友情，要看相处；永不永恒，要看时间。日子久了，与你无缘的自会走远，与你有缘的自会留下。

朋友，或许不能朝朝暮暮，或许没有甜言蜜语，但一定要真心。不要轻易试探朋友的心，更不要怀疑朋友，再好的感情，都经不起一颗猜疑的心。人，总会在乎一份情，在乎在对方心中的位置。缘分不在于长短，而在于交心。一生中，能成为真正朋友的不多。珍惜该珍惜的，拥有该拥有的。如此，安好。

人活着，圈子不要太大，容得下自己和一部分人就好；朋友不在于多少，自然随意就好。有些人，只可远观不可近瞧；有些话，只可慢言不可说尽。

朋友，淡淡交，慢慢处，才能长久；感情，浅浅尝，细细品，才有回味。朋友如茶，需品；相交如水，需淡。一份好的缘分，是随缘；一份好的感情，是随性。相交莫强求，强求不香；相伴莫若惜，珍惜才久。

有些人，慢慢地就散了；有些情，渐渐地就淡了。从最初的无话不谈，到慢慢的无话可谈；从一开始的无所顾忌，到渐渐的有所猜忌。来得热烈，未必能长久持续；不远不近，未必会很快分离。

感情，需要的是理解；相处，需要的是默契；陪伴，需要的是耐心。虚情留不住，真心总会在。一份情，因为真诚而存在；一颗心，因为疼惜而从未走开。一生中，能成为朋友的也就那么几个，好好珍惜那些在很久以后还称为朋友的人，真的很难得。

第三章 我可以失恋1000次，但不能失去你1次

愿得一知己，白首不分离

人们常说："千金易得，知己难求。"或许你从仆如云，一呼百应，但未必有一个知音；或许你高朋满座，珠玑妙语，但知音不是虚位以待就能得来；或许你在亲情的环绕下，有人嘘寒问暖，但他们不一定真懂你；或许你有佳人携子、如花美眷，但爱人不一定能善解人意。"高山流水"的典故体现着千百年来人们对这种情谊的渴求。

战国时期，身为晋国大夫的俞伯牙与楚国的樵夫钟子期偶然相遇。伯牙操琴，其意在高山。他弹琴的手刚停，钟子期马上感慨地说："多美啊！展现在我眼前的巍峨高山。"伯牙不语，又弹奏一曲，其意在流水。余音尚存，钟子期赞叹道："多美啊！我的面前又展现出一条浩浩荡荡的江河。"伯牙惊喜若狂，总算找到了"知音"。他们于是结为"契友"，不顾身份、地位的悬殊，以兄弟相称。不幸钟子期因病去世，伯牙闻知"五内崩裂，泪如涌泉，傍山崖跌倒，皆绝于地"。而后到钟子期坟前跪拜，挥泪为已故的知音弹了一首悲哀的曲子，以吊唁亡友，他忽然感到从此再无知音了，于是悲愤、绝望地将琴弦割断，将琴摔碎，终身不再弹琴。

茫茫人海，找一个朋友容易，但想要获得一个知己却很难。知己是和我们同心合契、共创奇迹的那个人；知己是同我们和谐相处、分享成果的那个人。常言道："人生得一知己足矣。"知己是生命的另一半，是人生项圈上那颗最耀眼的钻石。

你赢，我陪你君临天下　你输，我陪你东山再起

德国大音乐家贝多芬和舒伯特之间的友谊被传为千古佳话：两人共同生活在维也纳30年之久，虽然只见过一次面，却成为知己。在贝多芬的事业如日中天时，舒伯特只是一个默默无闻的音乐创作者。贝多芬生性孤僻，舒伯特深知他的个性，所以从不敢贸然造访。直到后来，因为一位出版商的盛情邀请，舒伯特才带着一册自己的作品前去登门拜访。不巧的是恰逢贝多芬外出，舒伯特只好留下作品，怅然而归。

然而，当贝多芬患病后，有一天，友人想调解他的寂寞，随手拿起桌上的一册书放在他的枕边，让他翻阅消遣。这册书正是舒伯特留下的作品集。贝多芬马上被其中的作品吸引住了，细心吟味了一会儿，大声叫道："这里有神圣的闪光！这是谁做的？"友人告诉了他舒伯特的名字，贝多芬对其大加赞赏。贝多芬弥留之际，托人把舒伯特召至床前说："我的灵魂是属于舒伯特的！"

贝多芬死后，舒伯特终日郁闷。第二年，他也告别了人世。临终的时候，他向亲友倾诉遗愿："请将我葬在贝多芬的旁边！"

后人对他们之间的友谊给予了最美好的赞誉，并为他们竖起了并立的铜像，至今仍屹立于维也纳广场。真正的友情并不依靠事业、祸福和身份，不依靠经历、地位和处境。所谓知己，就是彼此心灵相通的人。

知己之间的交往并不局限于同时代、同年龄段的人，虽然，这些人相对来讲更加与你接近。但是有时，一旦与前辈或晚辈形成忘年交，就会发出耀眼的光芒。

罗曼·罗兰23岁时在罗马同70岁的梅森堡相识，后来梅森堡在她的一本书中对这段忘年交做了深情的描述："要知道，在垂暮之年，最大的满足莫过于在青年心灵中发现和你一样向理想，向更高目标的突

第三章 我可以失恋1000次，但不能失去你1次

进，对低级庸俗趣味的蔑视……多亏这位青年的来临，两年来我同他进行最高水平的精神交流，通过这样不断地激励，我又获得了思想的青春和对一切美好事物的强烈兴趣……"

只有心灵的高度契合才能让人产生如此强烈的心灵震撼，仿佛与知己的交往，能够使人焕发出对于青春和生命的极大热忱。在这样的"灵魂之交"中，一切外在的形式，如年龄、身份、经历、成就都显得十分渺小，甚至微不足道，这就是知己的力量。

知己对于我们的重要意义之一：就是把我们的精神生活提到日常事务的枯燥单调之上，赋予平凡的生活以意义，使得它具有一种精神的投射、温和的超越和趣味的升华。

有这样一则故事，它和电影史上的一部经典影片一起，打动过世间无数男女的心：

他和她初次相见的时候，已经是36岁的中年男子。而她，还是一个23岁的女孩，瘦削的身材，矜持、内敛的性格。他第一眼看见她，心就有一种微微的颤动。

他们都是演员。那是他们第一次合作，分别饰演戏中的男女主角。那时，他已是好莱坞的大牌明星了，人们心中的偶像。而她，还是个名不见经传的小人物。用现在的话说，她还是第一次"触电"。因为这部戏，他们两人天天聚在一起。她在他的面前，有时候喜笑颜开，显得温顺娇小，而有时候又是那么的冰冷孤傲，拒人于千里之外，仿佛没有谁能够走进她敏感而脆弱的内心世界。在那次合作里，他忽然发觉自己已经分不清戏里戏外了。

那是一次成功而经典的合作。在拍戏之余，他们常常在黄昏时分，沿着附近的一条静静的小河散步。一轮明月升上来了，它含笑看着树

荫下那两个并肩而行的年轻人，清澈而明净的河水，也一天又一天悄悄偷听着他们的话语，被那真挚而纯净的心声打动得发出潺潺的声响。

那时候，他的第一次婚姻已走到了尽头。他多么渴望得到她的爱情啊！然而，从小受到父母离异伤害的她，对离了婚的他感到害怕，因而远远地离开了他，有情人没能成为眷属。

1954年9月，当她结婚的时候，他千里迢迢地赶来，参加了她的婚礼。其实，她的丈夫，也是他后来给介绍的，是他的好朋友。他送给她的结婚礼物是一枚蝴蝶胸针。

后来的某一天，63岁的她在睡梦中飞走了。而他来了，他来看她最后一眼，他心中那个永远娇小迷人，眼睛里总是盛满了忧伤的女孩。

又是10年的光阴匆匆流过，他得知要在著名的苏富比拍卖行义卖她生前的衣物、首饰的消息。87岁高龄的他拄着拐杖，颤巍巍地前去买回了那枚陪伴了她近40年的胸针——那一年他送给她的蝴蝶胸针。现在，它温暖着他的胸膛。

终于有一天，他也闭上了眼睛。相信在他进入天国的时候，他也同时看见了他的天使。他们第一次合作的那部电影叫《罗马假日》。她是电影史上永远让人魂牵梦萦的"公主"——奥黛丽·赫本。而他，就是被誉为"世界绅士"的格里高利·派克。他们超越爱情之上的纯洁友情永远让这个世界为之唏嘘动容。

知己之谊，因为超越而变得崇高和圣洁。也因为圣洁和崇高而更增添了分量。

王羲之的《兰亭集序》中有几句关于闲谈的话："悟言一室之内""放浪形骸之外""曾不知老之将至"。真是道出了知己相聚、随意闲谈之乐。对此话极为欣赏的钱伯城先生便写了一篇文章，题为《聊天乃人生一乐》。文中写道：朋友相聚，乐在聊天，若相对无言，就乐不起来了。我所喜欢的，清茶一杯，二三其人，互无戒心，话题不着边际，议论全无拘束，何妨东拉西扯，亦可南辕北辙。乘兴而来，尽兴即散。

有这样的几个知己，达到这样一种人生境界，那"孤独"二字便可在人生的字典里消失得无影无踪了。

与君一席话，胜读十年书

古希腊诗人荷马在史诗《奥德赛》中讲述了奥德赛在特洛伊战争后，回家途中十年流浪的种种经历。奥德赛临终前，把爱子泰莱马科斯托付给忠实的朋友门特抚养。直至今天，"门特"一词一直用作形容受欢迎的老师、具洞察力的朋友、经验丰富的教育家、成熟老练的向导。在我们的一生中，会有不同的导师在我们最需要的时刻出现，给我们以帮助。

罗曼·罗兰22岁时，总觉得自己有从事文学艺术创作的素质，倾向于选择文学作为自己的事业，可是照世俗的理解，文学事业又有什么用处呢？于是他决定给文学大师托尔斯泰写封信，寻求指点。

在写这封信时，他是抱着试一试的想法，做好了收不到回信的准备，没想到几个星期以后，他收到了托尔斯泰长达38页的亲笔回信。在信中，托尔斯泰向这位从未谋面的异国青年，谈了选择个人道路的原则。他热情地鼓舞罗兰，指出："搞文学艺术，非要明确为人类不可！不要说说，不要害怕真理。"罗兰感到这封信像一扇开向无穷宇宙的

你赢,我陪你君临天下　你输,我陪你东山再起

门,给了他一种生活的启示。

这封信使罗曼·罗兰下定决心从事文学事业,终于成为世界著名作家,并荣获诺贝尔文学奖。托尔斯泰是罗曼·罗兰成功之路上的第一位导师。可以想象,如果没有这位导师的鼓励和指引,可能就不会有罗兰日后的成就,不会有闻名世界的伟大作品《约翰·克利斯朵夫》。

无论是资历还是财力,恩师都会高出我们一截,因此能够得到恩师的赏识和提携,便是人生的一大幸事了。把恩师作为自己的靠山,更易成就自己的一番事业。

在人生的起步阶段,恩师是我们潜在的贵人和靠山,把握得好便能让你更快的脱颖而出,走上一条成功的捷径。搜狐公司的创始人张朝阳便是这样一个典型的例子。

1995年以来,美国的互联网发展速度迅猛,网上服务日益壮大,而中国却存在中文信息严重匮乏的问题。正在美国麻省理工留学的张朝阳猛然醒悟过来,这个领域在中国大有作为!他去找自己的老师尼葛洛庞帝,极力说服他的老师进入中国的信息产业,后来张朝阳如愿以偿地从恩师那拿到了22.5万美元风险金。

1996年,他回到中国,开始创业。

通过自己的恩师,张朝阳又去说服风险投资家爱德华,爱德华也同意投入一定的资金。有了启动资金,1997年张朝阳成立了中国第一家以风险投资基金建立的互联网公司,这就是搜狐。

风险投资是别人用钱来换取你的股份,公司成功了他就赚钱,公司失败了他只能自认倒霉了,不用还债。这种形式,很适合高科技领域。张朝阳被称为是中国高科技风险投资的第一人,但他的公司却办得很成功。

第三章 我可以失恋1000次，但不能失去你1次

1998年2月，经过一年的探索后，搜狐公司推出了标志性产业——中文搜索引擎搜狐（SOHU）。创业之初，极需钱来做技术和软件，张朝阳发邮件四处求援，结果收到的都是拒绝的回复。他坚持不懈的努力，终于改变了这种不利状况，英特尔、太平洋风险等业界巨头，都答应出资，搜狐于是开始飞速发展。

仅过了半年，雅虎这家世界最大的网络服务商盯上了搜狐，他们想要收购搜狐。张朝阳与对方谈了几次，不能接受合并后统一用雅虎名称这一条件，坚决走自强自立的道路。在以后的几年里，搜狐公司与中国互联网一起进入了快速发展的时期。

大获成功的张朝阳非常感激恩师尼葛洛庞帝，他说："我和他首先是师生关系，后来他在我这赌了一把，我们是投资者的关系。这几年我的业绩特别好，他庆幸自己赌对了。我们现在都是公司董事会成员。"

得到恩师的垂青并最终获得巨大的成功，这是张朝阳的幸事，也是中国互联网的一大幸事。由此我们不难发现，老师也许是人生中最重要的贵人，而且恩师不仅仅存在于校园之中。

成功学大师安东尼·罗宾事业成功的原因就是因为碰到了生命中的关键人物——吉米·罗恩。罗宾因为没有钱，上不起罗恩的培训课，请求罗恩将费用降低一些。罗恩说："如果你能够找到这一笔上课的费用，这比我教你的任何成功方法都更为可贵，因为你在向不可能挑战。"当时只有17岁的罗宾跑了43家银行，都因为他未成年，不具有独立经济能力，而没人借给他钱。第44家银行老板被感动了，把自己的1200美元借给罗宾。罗宾上了两天罗恩的成功课，其潜能就被充分地挖掘了出来。在吉米·罗恩的帮助下，罗宾走上了研究成功学、帮助他人成功的道路。

你赢,我陪你君临天下　你输,我陪你东山再起

对于罗宾来说,他成功的第一步就是筹集到上课的费用,这也是他人生的第一道"坎"。吉米·罗恩教他用自己的行动领悟到了成功学中最关键的道理,为他日后成为成功学大师走好了关键的一步。

"万事开头难",在人生的各个阶段,我们都面临着"走好第一步"的挑战。如果能得到良师益友的指点和帮助,就能使你少走弯路。"与君一席话,胜读十年书",说的就是这样的朋友。他会帮你摆脱苦恼和困惑,让你坚实地迈出自己的"人生第一步"。

人格的天平

所谓友谊,首先是诚恳,能指出朋友的错误。诤友虽然经常摆出一副阴沉的面孔,用严肃和强硬的口气对你说话,但是在他的内心,一定是站在你的立场上,抱着关怀爱护、诚心诚意的态度。

拥有诤友是生命的幸运和福气,因为诤友是一面镜子,帮你认清自我。诤友是真正的朋友,他们对我们直言不讳、肝胆相照,因为只有真正的朋友才会真诚地关心我们,为我们的失误痛心;也只有真正的朋友才会直言指出我们的盲区和瑕疵,希望我们快乐、成功。

三国时期吴国的徐原与吕岱是好朋友,徐原是一位典型的诤友,一遇吕岱有过失就直言批评。吕岱深感这诤友的可贵,所以当徐原去世时,吕岱痛哭流涕。

唐朝的诗人张籍与韩愈是朋友,虽然韩愈有很高的名望,可张籍还是不断批评他不虚心和赌博的恶习,帮助韩愈改掉这些毛病。韩愈一

第三章 我可以失恋1000次,但不能失去你1次

生都对张籍这位诤友怀有感激之情。

俄国著名作家果戈理尽管以现实主义的作品闻名世界,但他思想上一度颓废,甚至歌颂农奴制。他的朋友、文学批评家别林斯基在《现代人》杂志上猛烈抨击他。果戈理接受不了,开始反驳。别林斯基用三天时间给他写了一封有理有节的信,既坚持了原则,又挽救了友谊。

这些都是结交诤友的好例子。诤友是人生的一剂良药,只有乐于结交诤友的人,才能改正错误、避免失误,不断取得进步。

唐太宗李世民在历史上是一位以善于纳谏而闻名的帝王,他在结交诤友方面有许多逸事。

传说有一次,唐太宗闲暇无事,与吏部尚书唐俭下棋。唐俭是个直性子的人,平时不善逢迎,又好逞强,与皇帝下棋也使出自己的浑身解数,架炮跳马,把唐太宗打了个落花流水。

唐太宗心中大怒,想起他平时种种的不敬,更是无法抑制自己,立即下令贬唐俭为潭州刺史。不甘休,又找了尉迟恭来,对他说:"唐俭对我这样不敬,我要借他而诫百官。不过现在尚无具体的罪名可定,你去他家一趟,听他是否对我的处理有怨言,若有,即可以此定他的死罪!"尉迟恭听后,觉得唐太宗这种做法太过分,所以当第二天唐太宗召问他唐俭的情况时,尉迟恭不肯回答,反而说:"陛下请你好好考虑考虑这件事,到底该怎样处理。"

唐太宗气极了,把手中的玉笏狠狠地朝地下一摔,转身就走。尉迟恭见了,也只好退下。唐太宗回去后,一来冷静后自觉无理,二来也是为了挽回面子,于是大开宴会,召三品官员入席,自己则主宴并宣布道:"今天请大家来,是为了表彰尉迟恭的品行。由于尉迟恭的劝谏,唐俭得以免死,使他有再生之幸;我也由此免了枉杀的罪名,赐

> 你赢,我陪你君临天下　你输,我陪你东山再起

尉迟恭绸缎千匹。"

　　唐太宗能够拥有尉迟恭、魏徵这样的诤友是作为一个帝王最大的荣幸,他也确实依靠这些诤友的力量开创了中国历史上难得的盛世局面。

　　诤友是紧缺资源,值得每一个人好好珍惜,人生难得一诤友。当体会到不远处有这样一位真正的朋友默默关注着我们,不时敲打我们的时候,每个人的内心都会涌起一股温馨和暖意。

　　诤友是人格的天平,他会在你的行为和心理偏离正常方向的时候给予必要的提醒,使你避免步入歧途。

　　东汉时期,乐羊子在路上拾到一块金子,非常高兴,回家后把它交给妻子。妻子说:"我听说有志向的人不喝盗泉的水,因为它的名字令人反恶;也有有志向的人宁可饿死也不吃别人施舍的食物,你怎么能拾取别人失去的东西呢?这样会玷污品行。"乐羊子听了妻子的话,非常惭愧,就把那块金子扔到野外,然后到远方去寻师求学。

　　乐羊子的妻子就是他的诤友,如果没有这位诤友,那么他可能会有一段时间靠这块金子生活,不思进取,也有可能从此变成一个爱贪小便宜的人。可见,诤友对于个人品德的提高有着重要的监督作用。一个乐于结交诤友的人,必定会在诤友的指点下,检点自己的德行,逐渐完善自我。

　　每个人都应该找到自己的诤友,并把自己的行为放在这架天平上衡量一下,看看是否出现了倾斜,并且按照诤友的意见对自己进行认真的反省。诤友给得意忘形的你"泼冷水",诤友告诫你不可得意忘形。

　　人在事业有成或者被人追捧的时候,往往会觉得飘飘然,沉浸在自我膨胀和幻想的泡沫中难以自拔,这也是人的劣根性之一。这个时候,

第三章 我可以失恋 1000 次，但不能失去你 1 次

诤友会告诫你不可得意忘形，将你拉回现实世界。

萧伯纳凭借出众的才华和言语的幽默赢得了很多人的尊敬与仰慕。在别人的赞叹声中他开始自大起来，喜欢展露才华，说话也尖酸刻薄。

后来，一位老朋友私下对他说："你现在常常出语幽人之默，非常风趣可喜，但是大家都觉得，如果你不在场，他们会更快乐，因为他们比不上你，有你在，大家便不敢开口了。你的才华确实比他们略胜一筹，但这么一来，朋友将逐渐离开你，这对你又有什么益处呢？"老朋友的这番话，使萧伯纳如梦初醒，他感到如果不收敛锋芒，彻底改过，社会将不再接纳他，又何止是失去朋友呢？所以他立下宗旨，从此以后，再也不讲尖酸刻薄的话了，要把才能发挥在文学上，这一转变造就了他后来在文坛上的崇高地位。

"直言相谏""言所欲言"，指出朋友的过失和错误，这样才是真正对朋友负责。一个人从另一个人的诤言中所得来的光明比从他自己的理解力、判断力中所得来的光明，要更干净、更纯粹。

陈毅曾写过这样两句诗："难得是诤友，当面敢批评。"《诗经》上"如切如磋，如琢如磨"的诗句，也是说朋友之间要互相帮助、互相批评。倘若我们每个人都能做诤友，交诤友，那么我们的生活和事业将会有很大的收获。

你赢,我陪你君临天下　你输,我陪你东山再起

正好有空,只想陪你坐一坐

　　朋友,没有酒肉的熏陶,没有利益的交换,甚至没有清茶一杯的礼遇,但却可以挺身而出。朋友,如同日月,没有誓言,却可长久;如同山水,没有约定,却可永恒。朋友,可以欣赏,可以祝福,可以互映,可以寄托,但唯独没有嫉妒,没有恨。

　　两年前,因为操作失误,他苦心经营了3年多的小公司破产了,一夜之间,他不仅成了一个一文不名的穷光蛋,而且还欠了一屁股债,被人追得到处跑。家是不能回的,思来想去,唯有去省城的一个朋友那儿躲一躲。

　　他和他的朋友是发小,从小一起长大,关系当然是没的说!小时候,有一次去海边玩,朋友不小心掉进水里,是他喊人把他救上来的,这种交情应该算深厚了吧!

　　可是下了火车,他又有些犹豫了,多年没见,朋友还是原来的朋友吗?记得朋友结婚的时候,他去参加婚礼,朋友娶了一个娇滴滴的女人,她会不会嫌弃自己呢?

　　一念至此,他把口袋里仅有的钱翻出来数了一数,在火车站找了一家最便宜的小旅馆住下。心想,住几天算几天吧!

　　就在他心灰意懒的时候,想不到朋友找来了。朋友一身的尘土和倦怠,生气地数落他:"你真不够哥们儿,来省城也不找我,还得我到处找你,要不是你妈偷偷地打电话给我,我还不知道呢!"他低着头瞅着脚尖,小声地嘟囔着:"还不是怕给你添麻烦嘛……你看我现在,又脏又穷又臭,恐怕连狗都不如了。"

第三章 我可以失恋1000次,但不能失去你1次

朋友在他的胸口擂了一拳,"你还是那个倔脾气,朋友就是用来麻烦的,你不麻烦我,我才生气呢!"

那一刻,他千言万语噎在喉咙里,一句话都说不出来。只当全世界都抛弃了自己,原来,却还有一个人深深地记挂着自己,并没有因为落魄而嫌弃自己,有这样的朋友,还能说什么呢?他只得乖乖地收拾行李跟着朋友去他家。

朋友妻给他收拾了一件明亮宽敞的屋子,为他准备了可口的饭菜,还叮嘱他千万不要客气,当成自己家一样。他洗了澡,换了衣服,美美地睡了一觉。

之后,他调整好心态,到银行贷了款,抓住机遇,终于东山再起,不但还清了贷款,还有了安定的生活。

"朋友就是用来麻烦的",每当想起这句话,他心中便会温暖如春。后来,他总是用这句话来鞭策自己,去尽力帮助那些需要帮助的朋友。

有的时候,人会面临人生的困境乃至绝境,在你以为山穷水尽、无路可走之时,朋友的出现会给你的人生带来希望和转机,对于这样的朋友,你一定要倍加珍惜。

1962年,作家刘白羽由北京到上海治病。当时他的长子滨滨正患风湿性心脏病,他放心不下,便让滨滨也到上海看病。遗憾的是,由于治疗效果不佳,滨滨的病情不见好转,又要返回北京。刘白羽万般无奈,只得让妻子汪琦带病危的儿子回家。母子俩回北京的当天下午,刘白羽心神不定,烦躁不安。这时,巴金、萧珊夫妇来到了刘白羽的病房。两人进门后,谁都没有说一句话,默默地坐在沙发上。其实他们非常了解滨滨的病情,都在为他担忧,生怕路上发生意外。病房里静悄悄的,巴金伸手握住刘白羽微微发颤而又汗津津的手,轻轻地抚

摸。萧珊则一边留意刘白羽的神情,一边望着桌子上的电话。突然电话响了,萧珊忙抢在刘白羽之前拿起话筒。当电话中传来汪琦母子已平安抵达北京的消息后,三个人长长地舒了口气,脸上都露出了笑容。

原来,巴金估计那天北京会来电话,怕有噩耗传来,刘白羽承受不了,于是偕夫人萧珊专门前来陪伴他。当两人起身告辞时,刘白羽执意要送到医院门口。他紧紧地握住巴金的手,一再表示感谢。巴金却摆了摆手,淡淡地说,"没什么,正好有空,只想陪你坐一坐。"

在最沮丧、最无助的时候,那个愿意陪你坐一坐的人,才是你真正的朋友。

不一定锦上添花,但一定雪中送炭

一般来说,对别人的帮助要恰到好处,更要落到实处。我们常常用两肋插刀来形容朋友之间很深的情谊,当朋友有难时,我们能够不顾一切地去帮助他,这才是真正的帮助。帮助别人也是有技巧的。就好比路边一位找不到方向的盲人,他只是需要你伸出关爱之手帮他弄清楚方向或带他走一段路,而不是告诉他在哪儿可以坐公交车。通常,人们最重视雪中送炭,而非锦上添花。

人的一生不可能总是一帆风顺,难免会碰到失利受挫或面临困境的情况,这时候最需要的就是别人的帮助,这种雪中送炭般的帮助会让人记忆一生。

每个人活在这个世上,都不可能不有求于人,也不可能没有助人之

第三章 我可以失恋 1000 次,但不能失去你 1 次

时。当你打算帮助别人的时候,请记住一条规则:救人一定要救急。如果他人有求于你了,这说明他正等待着有人来相助,如果你已经应允了,那就必须及时相助。如果他人没有应急之事,也不会向你求助,因为一般人都不愿求人。可是事情到了紧要关头,不求人就毫无办法,甚至会失去生存能力,那怎么办呢?一旦你答应帮助他人,他心存感激之余当然会把希望完全寄托在你的身上,如果你最后帮得不及时或者没有去帮,只能适得其反,你反而会遭到怨恨。

在三国争霸之前,周瑜并不得意。他曾在军阀袁术部下为官,被袁术任命做过一回小小的居巢长,一个小县的县令罢了。

这时候地方上发生了饥荒,年成既坏,兵乱间又损失很多,粮食问题就日渐严峻起来。居巢的百姓没有粮食吃,就吃树皮、草根,很多人被活活饿死,军队也饿得失去了战斗力。周瑜作为地方的父母官,看到这悲惨情形急得心慌意乱,却不知如何是好。

有人给他献计,说附近有个乐善好施的财主叫鲁肃,他家素来富裕,想必一定囤积了不少粮食,不如去向他借。

于是周瑜带上人马登门拜访鲁肃,寒暄完毕,周瑜就开门见山地说:"不瞒老兄,小弟此次造访,是想借点粮食。"

鲁肃一看周瑜丰神俊朗,显而易见是个才子,日后必成大器,顿时产生了爱才之心,他根本不在乎周瑜现在只是个小小的居巢长,哈哈大笑说:"此乃区区小事,我答应就是。"

鲁肃亲自带着周瑜去查看粮仓,这时鲁家存有两仓粮食,各三千斛,鲁肃痛快地说:"也别提什么借不借的,我把其中一仓送给你好了。"周瑜及其手下一听他如此慷慨大方,都愣住了,要知道,在如此饥荒之年,粮食就是生命啊!周瑜被鲁肃的言行深深感动了,两人当下就交上了朋友。

你赢,我陪你君临天下　你输,我陪你东山再起

后来周瑜发达了,真的像鲁肃想的那样当上了将军,他牢记鲁肃的恩德,将他推荐给了孙权,鲁肃终于得到了干事业的机会。

鲁肃在周瑜最需要粮食的时候送给了他一仓,这就是所谓的雪中送炭。

在生活中,很多人总是在别人不是很需要的时候拉上一把,以便使之锦上添花。但往往没想到,其实,锦上添花,不如雪中送炭。当他人口干舌燥之时,你奉上一杯清水胜过九天甘露。如果大雨过后,天气放晴,再送他人雨伞,这已没有丝毫意义了;如果人家喝醉了,再给人敬酒,这未免太过于虚情假意了。我们在帮助别人时一定要注意这些。

"患难之交才是真朋友",这话大家都不陌生。

晋代有一个人叫荀巨伯,有一次去探望朋友,正逢朋友卧病在床,这时恰好敌军攻破城池,烧杀掳掠,百姓纷纷携妻挈子,四散逃难。朋友劝荀巨伯:"我病得很重,走不动,活不了几天了,你自己赶快逃命去吧!"

荀巨伯却不肯走,他说:"你把我看成什么人了,我远道赶来,就是为了来看你,现在,敌军进城,你又病着,我怎么能扔下你不管呢?"说着便转身给朋友熬药去了。

朋友百般苦求,叫他快走,荀巨伯却端药倒水安慰说:"你就安心养病吧,不要管我,天塌下来我替你顶着!"这时"砰"的一声,门被踢开了,几个凶神恶煞的士兵冲进来,冲着他喝道:"你是什么人,如此大胆,全城人都跑光了,你为什么不跑?"

荀巨伯指着躺在床上的朋友说:"我的朋友病得很重,我不能丢下他独自逃命。"并正气凛然地说:"请你们别惊吓到我的朋友,有事找

第三章 我可以失恋1000次,但不能失去你1次

我好了。即使要我替朋友而死,我也绝不皱眉头!"

敌军一听愣了,听着荀巨伯的慷慨言语,看看荀巨伯的无畏态度,很是感动,说:"想不到这里的人如此高尚,怎么好意思侵害他们呢?走吧!"说着,敌军撤走了。

患难时体现出的正义能产生如此巨大的威力,说来不能不令人惊叹。

德皇威廉一世在第一次世界大战结束时,可算得上全世界最可怜的一个人,可谓众叛亲离。他只好逃到荷兰去保命,许多人对他恨之入骨,可是在这时候,有个小男孩写了一封简短但流露真情的信,表达他对德皇的敬仰。这个小男孩在信中说,不管别人怎么想,他将永远尊敬他为皇帝。德皇深深地为这封信所感动,于是邀请他到皇宫来。这个小男孩接受了邀请,由他母亲带着一同前往,他的母亲后来嫁给了德皇。

有时候不用很费力地帮别人一把,别人也会牢记在心,投之木瓜,报以桃李。

我们总会在现实生活中遇到一些困难,遇到一些自己解决不了的事情,这时候,如果我们能得到别人的帮助,我们将会永远地铭记在心,感激不尽,甚至终生不忘。在濒临饿死时得到一个萝卜和富贵时收到一座金山,就其内心感受来说是完全不一样的,我们要做的,不是在别人富有时送他一座金山,而是在他落难时,送他一杯水,一碗清汤面,一盆火,这种雪中送炭才能显示出人性的伟大,才能显示友谊的深厚。

第四章

为什么你的朋友圈在变化

突然发现，自己并不快乐。自己的状态越来越不好，甚至怕见人，感觉周围处处是危机……一切都让你一筹莫展，却从没有想到，这些不正常，根源全在于你的某些"朋友"。

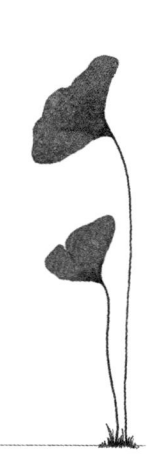

利益，是最好的试金石

朋友是我们生命中的贵人，但朋友在特定的情况下也会变成小人，不为别的，大多只为"利益"二字，"天下熙熙，皆为利来；天下攘攘，皆为利往"。

正如安全的地方，人的思想总是松弛一样，在与好友交往时，你可

第四章 为什么你的朋友圈在变化

能只注意到了你们亲密的关系在不断成长,每天在一起无话不谈。对外人你可以骄傲地说:"我们之间没有秘密可言。"但这一切往往会对你造成伤害。

谢敏上大学后便违背了父母的意愿,放弃了医学专业,专心于写作。值得庆幸的是,偶然的机会让她遇到了知名的专栏作家许家璇,她们成了知心朋友,无所不谈,许家璇悉心指教,谢敏不久便寄给了父母一张刊登自己文章的报纸。一个人在挫折时受到的帮助是很难忘的,更何况是朋友。谢敏与许家璇几乎合二为一了,一同参加鸡尾酒会,一同去图书馆查阅资料,谢敏还把许家璇介绍给她所有认识的人。

但这时许家璇面临着不为人知的困难,她已经拿不出与其名声相当的作品了,创作的源泉几乎枯竭了。

谢敏把她最新的创作计划毫无保留地讲给许家璇听时,许家璇心里闪过了一丝光亮。她端着酒杯仔细听完,不住地点头。

不久,谢敏在报纸上看到了自己构思的作品,文笔清新优美,署名是"许家璇"。谢敏痛苦极了,她等着许家璇给她打一个电话,解释一下,但整整面对报纸等了三天,也没有任何音讯。

而从那以后,这对好朋友彻底分道扬镳了。

利益,是最好的试金石。在利益面前各种人的灵魂都会赤裸裸地暴露出来。有的人在对自己有利或利益无损时,可以称兄道弟,显得亲密无间。可是一旦有损于他们的利益时,他们就像变了个人似的,见利忘义,六亲不认,什么友谊、感情都被统统抛到脑后。

比如,在一起工作的同事,平日里大家说笑逗闹,关系融洽。可是到了升职时,名额有限,"僧多粥少",有的人真面目就露出来

你赢,我陪你君临天下　你输,我陪你东山再起

了。他们再不认什么同事、朋友,在会上直言自己之长,揭别人之短,背后造谣中伤,四处活动,千方百计把别人拉下去,自己挤上来。这种人的内心世界,在利益面前暴露无遗。事过之后,谁还敢和他们交心呢?

进而言之,岁月也可以成为真正公正的法官。有的人在一时一事上可以称得上是朋友;日子久了,时间长了,就会更深刻地了解他们的为人。"路遥知马力,日久见人心",说的就是这个意思。如此长期交往、观察,便会达到这样的境界:知人知面也知心。

春秋末年,晋国大夫中行文子被迫流亡在外,有一次经过一座界城时,他的随从提醒他道:"主公,这里的官吏是您的老友,为什么不在这里休息一下,等候着后面的车子呢?"

中行文子答道:"不错,从前此人待我很好,我有段时间喜欢音乐,他就送给我一把鸣琴;后来我又喜欢佩饰,他又送给我一些玉环。这是投我所好,以求我能够接纳他,而现在我担心他要出卖我去讨好敌人了。"于是他很快就离开了。果然不久,这个官吏就派人扣押了中行文子后面的两辆车子,献给了晋王。

在普通的人当中,如中行文子这般有远见的人并不多见。

中行文子在落难之时能够推断出"老友"的出卖,避免了被其落井下石的危险,这可以让我们看到:当某位朋友对你,尤其是你正处高位时,刻意投其所好,那他多半是因你的地位而结交,而不是看中你这个人本身。这类朋友很难在危难时对你施以援手。

第四章 为什么你的朋友圈在变化

朋友圈的负能量：只要你过得没我好

你有众多的朋友，你的生活应该是很愉快的，但你却突然发现，自己并不快乐。自己的状态越来越不好，甚至怕见人，感觉周围处处是危机……一切都让你一筹莫展，却从没有想到，这些不正常，根源全在于你的某些"朋友"。

这些朋友，离你足够近，对你足够了解，但却很不体贴。他们把自己的心思、意愿，强加到你的头上，不知不觉给你造成伤害。这种伤害有时会让你苦不堪言，却无法摆脱，因为他们打着"关心"的名义，把你的生活搞得面目全非。

张辉的朋友叫王志飞。要说张辉和王志飞的关系，那可真是铁杆哥们儿了。两个人是发小，那份熟悉，就是张辉身上哪个地方有颗黑痣，王志飞也知道得一清二楚。

读初中的时候，两人学三国演义的"桃园三结义"，拜成了兄弟。张辉小了几个月，自然就是小弟了。这么多年来，似乎王志飞总是在照顾张辉，用王志飞的话说就是"处处罩着张辉"。但是张辉却越来越觉得，王志飞的照顾让自己有些喘不过气来了。

张辉的小姨给张辉介绍了一个女孩。相亲那天，王志飞不请自来，说是要和张辉一起去，帮张辉参谋一下。正好，张辉也觉得有些紧张，就和王志飞一起去了。

一见面，张辉就很高兴，对方正是自己喜欢的类型。张辉满是高兴，就开心地和对方聊了起来。气氛渐佳时，王志飞突然在一旁说："哥们儿，看来这次不错，我就告退了。瞧你那个熊样，相亲都得带保

> 你赢,我陪你君临天下　你输,我陪你东山再起

镖,以后胆大些。噢,对了,来的时候,你妈让我交代,要聪明些,别谈不成就乱花钱,知道你没啥心眼,啥事都得交代一下。"一句话羞得张辉赶紧低下头。面对女孩诧异的眼光,张辉只得硬着头皮说:"我的这位哥们儿就爱开玩笑,别介意。"

在交往了一年后,女孩觉得张辉不错。于是就答应了张辉的求婚。婚礼温馨又浪漫,着实让两位新人感觉到生活的美好。第二天,按照习俗,张辉要去女方家回门。作为张辉最好的朋友,王志飞当然又是陪同前往。岳父包了一家酒楼,招待他们,大家边吃边聊,气氛好不热闹。王志飞突然对张辉的岳父说:"叔叔,你这次可花了血本了吧。有一次张辉来你家吃饭,回去后又吃了一大碗,他说你家四个人就吃两盘菜,让他都不敢吃。"真是哪壶不开提哪壶,一下子让张辉又尴尬又难堪。一桌子的人哄堂大笑,张辉看见岳父的脸明显黑了下来。

诸如此类的事情太多了,搞得张辉现在真的有些怕了王志飞。出门办事,他第一个念头就是不想让王志飞跟着。但王志飞却不依不饶,说:"就你那熊样,我还不知道啊?我要不跟着,怎么能放心呢?"

可能是这句话刺激了张辉,于是张辉冲着王志飞一顿吼:"我就熊,怎样!你管得太多了吧。"

两个好朋友就此闹开,谁也不愿搭理谁。

张辉觉得委屈,他不明白,王志飞怎么好像专门跟自己过不去似的,他主要的任务似乎就是让自己出洋相,让自己在人前抬不起头来。他真怕了王志飞,只要一想起来,他就觉得压抑。

张辉最大的悲剧就是自己对朋友太过纵容,而王志飞最大的问题,就在于没有尊重他的朋友。再亲近的朋友,彼此心中都应该有一个不

第四章 为什么你的朋友圈在变化

可触碰的底线，这就是尊重。一个对你没有尊重心的人，有可能会成为好朋友吗？

现实生活中，每个人都面临着各种各样的压力，当这些压力无处发泄时，就会在人的脑海里形成一股恶性情绪。为了释放这些对自己健康不利的情绪，潜意识就会寻找一些对自己没有危险的方式，来消极地发泄。他们通过各种方式缓解了压力，但却苦了这些作为出气筒的朋友。这类人就是朋友圈中潜藏的消极对抗者。

这些消极对抗的朋友，其实是生活中的"毒瘤"，每个人的友谊树上都有可能生长。所以，聪明的人要学会定期检查自己的朋友，一旦发现毒瘤的苗子，就赶快进行医治，免得将来毒瘤越来越大，给你带来更多的伤害。

不做你的垃圾桶

现代生活，疲惫又忙碌，再加上各种压力袭来，我们当然需要有朋友，找个适宜的环境，把心中的苦水倒出来。如若朋友是林妹妹式的人，你还没倒苦水呢，他的苦水先如洪水一样泛滥，让你整日浸泡在苦水中，哪里还有心情品味生活之美好？

王蕊的朋友叫陈珍珍。陈珍珍什么都好，就是性子简直是林妹妹的翻版。用王蕊的话说，就是那种整天愁眉苦脸、唉声叹气的主。

每每一有不开心的事，陈珍珍第一个想到的就是王蕊。看到朋友不舒心，王蕊当然是百般劝慰，让她凡事看开些，别总由着自己的性子

你赢,我陪你君临天下 你输,我陪你东山再起

来。但王蕊的这番话,跟吹过去的一缕清风一样,人家陈珍珍就是听不进去。

那天,王蕊要和男友一起去拍婚纱照,正准备出发,陈珍珍的电话就来了。在电话里陈珍珍说活着没意思,真想一死了之。王蕊一听,吓了一大跳。于是丢下男友,就奔向陈珍珍那里。一问才知道,原来昨天由于她自己的一个小疏忽,统计数据错了一个数字,被总监批评了一顿。她想不开,便觉得活着没啥意思。

知道陈珍珍没事,王蕊的心才放下一半,只得安慰陈珍珍,又是请吃饭,又是请喝咖啡的,总算是没事了。回到家后,王蕊的男友很生气,于是王蕊只得连连赔不是,男友才原谅她。

这事过去没多久,陈珍珍的问题又来了。因为男友受不了她的小性子,决定和她分手。这下不好了,陈珍珍因为这寻死觅活的,不是不吃饭,就是哭个不停。王蕊安慰了一天,也没用。正在这时,公司打来电话说让王蕊加班,王蕊又不放心,只得叫来另一个朋友陪着陈珍珍,才去公司。可是,脚刚迈进公司的大门,朋友就打来电话说陈珍珍晕了过去。于是,王蕊只得找同事帮忙替班,匆匆交代几句,就匆忙赶到医院,连午饭都没吃。

刚进医院,陈珍珍就像祥林嫂一样给她讲自己这么多年,苦心守候这份感情,男友怎么能这样,说分手就分手。

此时,总监打来电话一通狠批,因为王蕊把自己的工作委托给同事,而同事又不是很熟悉,所以工作出了差错,险些造成重大损失。总监要求王蕊写一份书面检查,在周一公司例会时做公开检讨。而此时,陈珍珍还是在絮絮叨叨地讲述自己的悲惨故事。王蕊忽然茫然了,无所适从。

王蕊这样的好朋友的确很难得,她可以为朋友放弃自己的事。陈珍

珍离开了王蕊，能不能活？这是肯定的。所以不要为了一个忧郁的朋友把自己的生活搞得一团糟，这样就不值得了。

这类朋友，自己没有主心骨，却总爱把麻烦扔给朋友，自己不舒服不说，还把朋友也拖得精疲力竭。他们把朋友看成他们的避难所，一有问题，首先就想到朋友。把麻烦和负面情绪全部扔给朋友，自己倒轻松了，却从不考虑朋友的心情和处境。

朋友虽然是世间最纯洁的一种交往模式，但也要互惠互利的。你敬我桃李，我报以琼瑶，当你只会一味地索取和贪婪，任谁都会觉得疲惫，感觉郁闷。

无非吃喝玩乐，遇难事照样没人帮

酒肉朋友再多也无益处，无非吃喝玩乐，遇难事照样没人帮你。

传说大觉寺附近的鹿病了，群鹿去看望，吃光了附近所有的草。后来鹿的病好了，却因找不到草吃而饿死了。拜庙于此的虚云禅师便告诫香客："结交酒肉朋友，有害无益。"

孙莹能写一手的好文章，因此在单位里得了个才女的称号，所以一般领导要写个总结、提案啥的都会找她。有一天，孙莹正在做自己的财务报表，领导说下午三点之前急需三份不同的文字材料，让她及时赶出来，但是一看时间现在已经是上午的10点多了，铁定是做不完的。无奈之下，只好拨通了一位朋友的电话求助，这位朋友是家杂志社的编辑，是个爽快人，听此情况后二话没说就来了。

你赢,我陪你君临天下　你输,我陪你东山再起

中午十一点左右,这位朋友带着他的一位朋友如约来到孙莹的办公室。一番介绍后,就开始天南地北地胡侃。从世界政坛到金融危机,从古希腊文明到历史渊源,从甲骨文的鉴别到第四代简化字的使用,孙莹一面陪着漫天胡侃,一面瞅着墙上的挂钟咔嗒、咔嗒不停地转,心里急得直冒火但也无法发作。转眼半个小时过去了,孙莹看出这位朋友没有走的意思,将心一横问道:"两位想吃点什么?"这位大笔杆子也不客气,"都是好朋友嘛,就近就简吧!"

于是在附近找了个饭店坐下来。几番推杯换盏后,孙莹的朋友越喝越兴奋,抄起电话一通拨打。就这样你找三个我找两个,不多时,由原来的三人"小聚"变成了六个人的"团聚",又由原来的六人"团聚"变成了十来个人的"大聚"。大家彼此间有熟识的,也有陌生的,通过朋友引荐后,便以酒开道、以酒会友,这酒喝起来也就没数了。虽说是一次难得的朋友聚会,是一次通联的好机会,无奈孙莹仍有三份材料压在身,本想找朋友帮忙,不想材料一个没有推出去还浪费了不少时间,这种情形下她无心继续恋战,便匆匆结账告辞。回到办公室后,她迅速查找资料,飞速转动脑神经,用最快的速度、最高的效率在规定的时间内交上了全部材料,才长长地舒了口气。这时,她想起了在饭店的朋友们,打电话过去,这些朋友们还在饭店里觥筹交错,而此时已经下午三点了。

有一类人每天游走于各类酒场,交着不同的朋友,朋友越积越多,数量越来越大,而真正"沉淀"下来的没有几个。随着经历得越来越多,电话号码也越来越满,而真正痛苦或需要帮助时,把电话号码簿从头翻到尾,竟然一个可以帮上忙的朋友也找不出来,这就是酒肉朋友的悲哀。

与酒肉朋友在一起,酒喝得越多,饭吃得越多,感情就越深,其

实，结交酒肉朋友就像超速行驶在高速公路上，而超速行驶的车子只要遇到一丁点的状况，就会车毁人亡。换言之，友谊需要经营，但不用刻意追求，否则你认定的酒肉朋友因某事达不到你的期望值时，你将会因此而痛苦不堪。所以，我们切不能以结交酒肉朋友为荣，更不要以之为交友准则。

每个人都希望朋友能够在危难之刻不离不弃，而不是一遇危险鸟飞兽散。朋友是一个美好的字眼，请不要让酒肉之交玷污了朋友的神圣，那样的人并不是你的朋友，只不过是结伴娱乐的过路人罢了。

结交使你发出更大亮光的人

很多时候，大多数的穷人都只喜欢走穷亲戚，排斥与富人交往，所以圈子里绝大多数也只是穷人。久而久之，心态成了穷人的心态，思维成了穷人的思维，做出来的事也自然就是穷人的模式。

而相对于穷人来说，富人偏偏最喜欢结交那种对自己有帮助、能提升自己各种能力的朋友，他们不纯粹放任自己仅以个人喜好交朋友。在他们的眼里，只要是能够对自己有帮助的，而且实力在自己之上的，他们绝对不会放过结交的机会。因为他们明白，只有这样，自己才能从他们身上学到成功的秘密，从他们那里截取到更多有利于自己成长的东西。

谢方瑜是一名普通的办公室文员，她来自一个蓝领家庭，平时不怎么喜欢结交朋友。偶尔和她经常在一起的几个朋友，也同她一样，都是一些为了生活而到处奔波的打工者。为此，谢方瑜时常郁闷，为什么自己和朋友就永远都只能做一个打工者呢？

在谢方瑜的公司里，和她一个部门的田丽丽是一位很优秀的经理助理，而且拥有许多非常赚钱的商业渠道。她生长在富裕家庭中，而且她的同学和朋友都是学有专长的社会精英。相比之下，谢方瑜与田丽丽的世界根本就有天壤之别，所以在工作业绩上也无法相比。

因为刚来公司不久，谢方瑜不知道该如何与来自不同背景的人打交道，所以少有人缘。一个偶然的机会，谢方瑜参加了某项职业能力提升培训，才得知，原来自己之所以一直这样"默默无名"，与自己所结交的人和事有很大的关系。

她回家后仔细地分析了一下，因为平时和那些姐妹们在一起不是抱怨生活，就是抱怨自己的命运有多么的坎坷。而且通常那些朋友也和她一样，常常为了一点事情就沮丧不已。真正出了什么事情，彼此之间却因为能力有限而帮助不了对方。

从那以后，她开始有意识地在公司里多和田丽丽联系，并且和田丽丽建立了良好的私人关系。私下里，她通过田丽丽认识了许多大人物，而事业上也开启了新的征程。

的确，朋友之间的相互影响，会有潜移默化的作用。也许你今天胸怀壮志，准备干一番大事业，但是你的朋友却渴望安逸、平静的生活，于是在他们的影响下，你的这番心思也渐渐地被淡化。慢慢地，就如同过往尘烟，一吹即散了。

也许，很多人会说，如果戴着这种"有色眼镜"去看人，未免有点太不地道。其实不然，如果你平常只知结交一些一无是处的朋友，他们只会接受你给他的帮忙，而在你处于困境时，对方却因为自身能力有限无法帮助你什么，这时你等待的结果也只能是失败。所谓"近朱者赤，近墨者黑"，如果一个人总是在一些小圈子里面混，那么将永无出头之日。

成功是一个磁场，失败也是。一个人生活的环境，对他树立理想和取得成就有着重要的影响。周围的环境是否愉快，是否和谐，身边有没有贵人经常激励你，常常关系到你的前途。

所以，我们要想"抬高"自己的价值，就必须往"比我们高"的人身边站。

随时调整"黑名单"

人是很复杂的，了解一个人并不是一件简单的事。但只要我们注意观察，就可以通过一个人的喜好了解他的素质、修养和品德。

物以类聚，人以群分。只有性情相近、脾气相投的人才能走到一块儿成为朋友。如果某人的朋友都是一些不三不四、不伦不类的人，他自身的素质也不会太高；如果他结交的都是些没有道德修养的人，他自己的修养也不会太好。有的人交朋友以性格、脾气取人，能说到一块就是朋友；有的人则以追求取人，有相同的追求就能成为朋友；有的人则因为爱好相同而走到一起。但无论如何，只有二人修养相当、品质差不多时才能成为永久的朋友。所以，了解一个人的朋友也就了解了这个人。

想了解一个人，还可以观察他是怎样对待别人的。

人在得意的时候，特别爱诉说他与别人在一起交往的情景，他说的时候是无意的，不会想到他与被说人有什么关系，所以一般比较真实。

如果对方当着你的面说自己如何占了别人的便宜，如何欺骗了对方等，那你以后就得对他注意一点儿，有可能他也会这么对待你。

还有一种人比较圆滑，好像很会处世似的，往往是当面一套，背后一套，当着你的面说你如何如何好，别人如何如何不好，聪明的人就得注意这种人了，因为他在背后说别人坏，就有可能在你背后说你坏。

而有一种人可能当面批评你，指出你的缺点来，却又在你面前夸奖别人的优点，你也许不愿接受他这种直率，但这种人却是非常可信赖的。

另外，看一个人如何对待妻子、儿女、父母，就可以分析出这人是否有责任感，自私还是不自私。

通过他是否按时回家，有急事时是否想着通知家人，说起家人时感觉是否很亲切等，可以看出他对家人的态度。一个不把家人放在心上的人是不会把朋友放在心上的。这种人往往心里只装着自己，只关心自己的得失安危，根本就不会想到朋友。所以交往时要注意尽量不要与那些没有家庭观念的人结交。

知彼知己，百战不殆。一般来说，与人交往之前，可运用以下四种方式对其进行具体考量。

1.以自己的感觉为依据

自己的感觉是最可靠的，唯有自己的感觉不会欺骗自己，所以评价一个人怎么样，不能听信别人，更不能人云亦云。当然，当你所要接近的人众所周知声名狼藉时，你必须加强小心，以免受害。

2.重在表现，既要听其言，更要观其行

生活中不乏口是心非的人，如果只听其夸夸之谈，显然会被其误导。只有行动，才能暴露一个人的本质。也只有经过对其具体行动的考量，我们才能够对他做出一个大致的评价。具体考量时，需从以下

第四章 为什么你的朋友圈在变化

几个方面入手。

（1）在关键时刻或者危急时刻了解他，以便我们看清他的性格、个性以及人品。

（2）通过他的工作了解他，可以判断出他的工作能力、业务水平和敬业程度。

（3）通过其他人了解他，可以判断出他在人群中的形象、地位以及前途。

（4）通过他与别人的人际关系处理的好坏了解他，可以判断出他在处理人际关系方面的能力。

（5）在是非中了解他，可以清楚地了解他的人格。

3.确立自己个人的分类标准

一般来说，可以把周围的人按照性格特征来分类，或者按照人品来分类。让他们一一对号入座，你心中就有了一个大致的交往之道，比如老张很踏实，应该多交往；小陈工作散漫，还喜欢说同事的坏话，要跟他保持距离；等等。

4.长期观察，随时调整

人是极其复杂的动物，而且很多人都有多重人格面具，因而想一次性了解透彻一个人极不现实。了解一个人，需要长期观察，而不是在见面之初就对一个人的好坏下结论，因为太快下结论，会因你个人的好恶而发生偏差，从而影响你们的交往。另外，人为了生存和利益，大部分都会戴着假面具，你所见到的是戴着假面具的"他"，而并不是真正的"他"。这是一种有意识的行为，这些假面具有可能只为你而戴，而扮演的正是你喜欢的角色，如果你据此判断一个人的好坏，并进而决定和他交往的程度，那就有可能吃亏上当或气个半死。

在初次见面后，不管你和他是"一见如故"还是"话不投机"，都要保留一些空间，而且不掺杂主观好恶的感情因素，然后冷静地观察对方的行为。

一般来说，人再怎么隐藏本性，终究要露出真面目的，因为戴面具是有意识的行为，时间久了自己也会觉得累，于是在不知不觉中会将假面具拿下来，就像前台演员一样，一到后台便把面具拿下来。所谓"路遥知马力，日久见人心"。

住在你的生命里，而不是手机里

在通信发达的时代，无论是初次相见还是老友重逢，交换联系方式，常常会彼此交换名片，然后郑重或是出于礼貌性地用手机加上微信。

在快节奏的生活里，我们不知不觉中就成为住在别人手机里的朋友。又因某些意外，变成了别人手机里匆忙的过客，这种快餐式的友谊，常常短暂得无法深交。

你有多少住在手机里的朋友？

初次相识的喜悦，让你觉得有时候似乎找到了知音。于是，对于投缘的人，开始了较频繁的交往。渐渐地，初相识的喜悦退尽，接下来就是仅仅保持着联系，平凡到偶尔在节假日发一信息互致问候。偶尔有一天，你会发现，你发出的信息，石沉大海。你的心也会凉了下去，几次没有回音后，你也许会删掉那一个偶然在人海中拾来的电话号码，把那个偶然认识的人完全淡忘。这个曾经的朋友，便像人海中的一朵浪花，偶尔调皮地与你相遇，然后被你记忆的余光蒸发。你还会与新

第四章 为什么你的朋友圈在变化

的人相识、相交、交换手机号、名片，你还会不断地让新朋友住进你的手机。

最怕的是突然有一天，你的手机不见了，号码簿上的朋友们似乎一下子全部消失了，你的心也空掉了一块，尤其是那些亲朋好友或老同学的号码不见了，就像不见了珍贵的首饰令人难过，老友的联络方式还能通过其他方式寻回，而那些浪花般的有缘邂逅过的朋友，因一次偶然不见了他们的号码，这一生，也许你永远不会再与他们相遇，虽然心里也会觉得可惜，但就像每天梳头掉几根头发一样，并不必太在意。可是，当某一天，你的手机上收到一些陌生的节日问候短信，你会不好意思问对方是谁，只是回复一条祝福的短信息过去。几回这样的"匿名"信息后，这个也许曾经熟悉的陌生号码，就不会再来信息。这时，你会遗憾。

最让你受不了的是，某天想起曾经有一阵子还相交频繁的友人，于是满怀热情地打电话给他，他居然在电话中来一句："喂，你是谁？"你的热情骤降到零点，根本没有心思再说什么，神伤地挂掉电话，也许对方早已把你的电话号码删掉了。也许，对方也是因为手机被盗或者是换号等原因丢失了你的号码，反正，你不再是住在他手机里的朋友，当然，你们就永远不会再成为朋友了。

有时你不甘心，会发条短信息，告诉对方你是谁，对方会解释，因为换新手机了，还没来得及把你的号码复制过来，没听出你的声音，对不起。这些理由，也会让你的热情打折扣。毕竟是萍水相逢啊。世态炎凉，谁又能记得谁，你不过是曾经暂住在他手机里的朋友，确切地说，是手机里的过客，也等于他生活中的过客。心理上的疏远，被忙碌的生活再打一次折，这份友谊就算彻底出局了。

我们的圈子在扩大，交往常常目的明确，点个头的熟人渐渐多了，交心的友人却渐渐少了，是人们的情感出了问题，还是通信发达惹的祸？我们的友情像快餐一样，来得快，去得快，我们抱怨知音难觅，却没有想一想我们花了多少时间和心情去经营友情。

我决定把自己手机里居住的朋友再迁移到纸质笔记本中，备一份。能被人备份号码，友谊也就被备份了，如果对方也会像你一样，把你的电话号码备一份，你们的友情就会在浪潮汹涌过后，成为留在岸上的最值得珍藏的贝壳。而你我，不再只是住在对方手机里的朋友，而是住在对方的生活里，甚至生命里。

早晨起来，发生了一件说大不大说小不小的事情，却足以让人的心情坏上几天。

仓促间，他的手机不小心掉进了洗手盆里，手机洗了个澡，尽管手疾眼快地瞬间捞起，但手机还是变成了落汤"机"。不得已，只好卸掉电池，拿电吹风把手机吹干。只是这下惹了祸，手机里存的电话号码全都不翼而飞。他捶胸顿足，沮丧懊悔，好几天都郁郁不开心的样子，仿佛世界末日一般，一个劲地嘟囔："我手机里的那些朋友全都不见了，好几百个啊，也没有备份，怎么办啊？"

他的搭档安慰他："你仔细想想，那些能记住名字的，多半是你常联系的朋友，所以一定会有办法再联系上。那些叫不上名字的，多半只有一面之缘，或者是不大来往的朋友，既然连名字都记不住，丢了也就丢了，这样的朋友还会不断地认识，不断地添加上来。"

他果然做苦思冥想状，拿了一支笔，把那些能记住的人的名字写在纸上。搭档拿起来看了一下，他能记住的，除了少数几个朋友，再就是几个同事，几个同学，再有就是家人。他感叹："平常觉得朋友遍天下，手机里都存不下了，怎么真到想的时候却怎么都想不起来呢？"搭档摇摇头笑着说："这就对了，朋友很多，但能记住名字的也就那么几个，他们早已和你的生活紧密相连，住在你的心里，甚至住在你

第四章　为什么你的朋友圈在变化

的生命里，所以你才会想起来。而那些记不住名字的，多半只是你存在手机里的朋友，偶然遇到了，也就记下了，却与你的生活无关，与你的生命更无关联。"

电子时代，人们见了面，不再到处发名片，当然也不会掏出小本子记下联络方式，而是习惯用手机把对方的电话存下来，或者扫一扫二维码。这种方式，快捷简便，因而每个人的手机里都有几十个甚至几百个这样的朋友，平常不大联络，过年过节，群发一条短信，然后便渐渐将其淡忘。有的人，清理手机的时候，会把这样的朋友清理掉。但大多数人，会把这样的朋友一直存在手机里，一直存到偶然丢失。

其实朋友不在多，三五个足矣，那些宽泛的交往，浅浅的情缘算不上朋友；那些存有功利之心的交往，更算不上朋友。

真正的朋友住在你的生活里，隔三差五，一起喝个茶聊个天，了解一下彼此的近况。郁闷的时候、烦恼的时候、开心的时候、喜悦的时候，那个能与你一起分享的人，才是真正的朋友。

真正的朋友住在你的心里，不管分开多久，不管分开多远，心中会常常想念和牵挂，不知道那个人过得好不好，不知道那个人是否开心和快乐，不知道那个人是否健康依旧，遇到高兴的事儿会想，若他在就好了。

真正的朋友住在你的生命里，午夜梦回，你睡不着的时候，拨一个电话过去，对方不会厌烦，也不会吃惊，只会静静地听你说那些不开心的事儿，然后不显山不露水地安慰你几句，不会伤害你的自尊，也不会泛滥同情。

真正的朋友不多，一生中就那么几个，可遇而不可求，仿佛空谷幽兰，闻其香而觅。遇到了，然后一生都不会忘记。那种暗香，那种芬芳，会掠过生命，穿透人生，长久停驻在你人生的码头，那是生命中的珍品。

真正的朋友，住在你的生命里，而不是手机里，或者其他什么地方。得之，你幸，要好好珍惜。

第三篇

致父母——

我慢慢长大,你慢慢变老

第五章

你的前半生我无法参与，
你的后半生我"奉陪到底"

> 我慢慢地、慢慢地了解到，所谓父女母子一场，只不过意味着，你和他的缘分就是今生今世不断地在目送他的背影渐行渐远。你站在小路的这一端，看着他逐渐消失在小路转弯的地方，而且，他用背影默默告诉你：不必追。
>
> ——龙应台《目送》

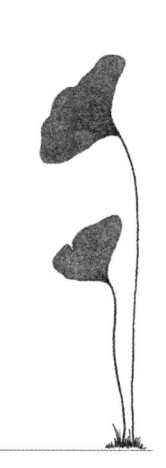

有钱没钱，常回家看看

《常回家看看》，这首曾红遍大江南北、耳熟能详的歌曲，代表了千千万万父母的心声。当这首歌响起的时候，是否勾起了你对父母的思念？也许你非常希望能经常回家看看父母，陪他们聊聊天，可是因为工作的繁忙，一次次地推迟了回家的计划。

第五章 你的前半生我无法参与，你的后半生我奉陪以底

其实，父母并不希望你带多么贵重的礼物，也不希望你多么风光地回家，他们就是希望子女能常回家来，让他们看看你是胖了还是瘦了，然后为你做几顿可口的家乡饭菜。然而，很多时候父母们连这么一点简单的愿望都实现不了。

有两位退休的老教师，经常一起在公园里散步，熟悉他们的人都知道，他们的女儿移居美国，已经五年没回来了。说起女儿，老两口眉宇间有骄傲，但更多的是落寞。

老先生说："远在天边的亲情形同虚设，我有时真的宁愿女儿不搞那些科研，有个平常的工作，那样我们会幸福得多。"平时看到别家老小团聚，其乐融融，他和老伴儿常常忍不住偷偷流泪，特别渴望亲情。

每当收到孩子们寄回的礼物，老伴儿开心至极，甚至会在朋友中"炫耀"一番，他说：老伴这样的"炫耀"其实是想念孩子们。

父母一天天变老了，在外奔波的子女，可别忘了常回家看看自己的父母。毕竟，孝敬并非一定需要多少金钱，在力所能及的范围，只要做子女的能常常想到父母，不时打个电话报个平安，就是父母最大的奢求。常回家看看，哪怕听听父母前言不搭后语的唠叨；饭后，给老两口端杯热茶；在阳光灿烂的日子，陪他们出门散散心，和邻居聊聊天，做父母的就已经十分开心了。

一次，一个小镇上的一位古稀老人过生日，当地的记者也来向这位寿星祝贺，并对他进行了采访。在采访中，老人说道："我是这儿最富有的人。"

不久，这句话传到了镇上的税务稽查人员那儿。稽查员马上登门拜访他，开门见山地问："你自称是这里最富有的人，是吗？"

你赢,我陪你君临天下 你输,我陪你东山再起

那位老人毫不犹豫地点了点头:"是的,我确实这样说过。"

稽查员一听,马上从公文包里拿出笔和登记簿,继续问道:"既然如此,能具体说一说你的财富吗?"

老人兴奋地说道:"第一项财富是我身体健康,别看我已经70多岁了,但我能吃能走,身体可不输给你喔!"

稽查员有些吃惊,但仍然耐心地问:"那你还有其他财富吗?"

"除此之外,我还有一个贤惠温柔的妻子,我们生活在一起将近60年了。另外我还有好几个聪明孝顺的孩子,这儿的所有人看了都很羡慕,这不也是财富吗?"

稽查员打住他,单刀直入地问:"你没有银行存款或任何有价证券吗?"

老人十分干脆地回答:"没有。"

稽查员问:"你没有其他不动产吗?"

他得到的仍然是老人诚恳的回答:"没有。除了刚才我说的那些财富,其他我什么也没有。"

稽查员收起登记簿,肃然起敬地说:"老人家,确实如你所言,你是我们这个镇上最富有的人。而且,你的财富谁也拿不走。"

树欲静而风不止,子欲养而亲不待。风不止,是树的无奈;而亲不在,则是孝子的无奈!千万不要让这种遗憾发生在你的身上。人生需要关怀,常回家看看就是关怀和爱!这无疑是一种人生的修养,一种敬老的美德。常回家看看,让年迈的父母感受到你的赤子情怀,这是全天下老人的共同愿望。

第五章 你的前半生我无法参与,你的后半生我奉陪以底

世界那么大,轮到我带你去看看

按照很多人的想法,老年人一定喜欢安静,喜欢舒适,喜欢慢悠悠的生活。但事实上,现代的老年人时尚得很,不仅有着敏捷的思维,还有如火的热情,渴望有机会感受更多的精彩。举家同游,就是一次情感的大欢聚。

可是,父母毕竟上了年纪!如果与父母结伴踏上有些刺激的旅途,大多数家庭都会感到为难。怎么办?那父母的梦想,是不是就该破灭在儿女的牵挂中呢?

其实,如果子女不怕辛苦,也愿意牺牲一点自我时间,可单独为父母设计一条符合他们身体状态的路线,那也是皆大欢喜的选择。

带着父母出门,很累,因为你要随时关注他们的健康;带着父母出门,很美,因为你要为他们创造一片风景。

你们行走在路上,慢慢看,而你的孩子也早已将这一切看在眼里,变成他生命的一部分,也会在很多年以后,如同你一般,带着白发如雪的你慢慢游走。

五一,应朋友邀约,小林一家三口去青岛玩了几天。周末小林带着崂山桃回到父母家,眉飞色舞地讲着崂山的秀美,海边的夜景。外孙更是拿着跟猴子拍的照片在姥姥姥爷面前"炫耀"。

吃过晚饭,小林陪父亲一边喝茶,一边聊着。其实父亲年轻的时候,走的地方也很多,但是在黑白的照片中,唯一能证明的就是去过那里。用父亲的话讲:那不是旅游,是路过。如今退休在家,也曾有过与老伴出去走走的想法,但是因为小林母亲身体不好,几次提及都

你赢,我陪你君临天下　你输,我陪你东山再起

因为无法保障安全而取消。最近几年,父母压根就不提旅游的事情。

电视上,报纸上都有着铺天盖地的旅游宣传,也有专门为老年人定制的旅游项目,小林在电话中跟父母提过几次,由她出资,他们出去玩几天,但是父亲还是担心"外人"照顾不好,怕有什么意外,都拒绝了。

小林也就没再有这样的打算,总想着等到自己有点时间的时候,带着他们出去玩几天。毕竟从小林记事起,父母就没离开过这个城市。

最近几天,父亲告诉小林,母亲的身体不舒服,去医院看了几次都检查不出什么病来,按照父亲的话说:年纪大了,就这样。因为公司最近人员调动,全部心思落在了事业发展上,小林也就没把这件事情放在心上。等她这边工作算是踏实的时候,时间已经过去了三个多月。这期间父亲没再提过母亲的状况。

一天,午饭时间,几个同事坐在一起闲聊,话题最终落在了旅游上。其中一个同事提到目前正火爆的旅游胜地四川九寨沟,因为他去四川出差的时候,当地的客户为尽地主之谊,便请他去了一趟。也许是说者无心,听者有意,小林内心的确有一种此处非去不可的冲动。

为避开"十一"长假,小林提前打报告,提前将年假休了。不为别的,只为一次"旅游"。

出发前,她做好充分的准备,而将这一消息告知父母的时候,父亲半天没说出话,母亲更是兴奋地不知道旅游该带什么东西。父亲则在一旁神情自若地"指挥"着母亲,哪个该带,哪个不该带。小林跟丈夫只是站在一旁微笑地看着。看似一次非常普通的旅游,而在父母眼里却像节日一样。毕竟,自从有了孩子以后,他们已经不再懂得享受,全部心思都在儿女身上,可以说,儿女剥夺了父母很多的想法。

母亲心脏不好,不能坐飞机,小林一家人只能乘火车前往。到成都的时候已经是深夜了,安排好住宿,看父母准备睡下了,小林就关上

第五章 你的前半生我无法参与,你的后半生我奉陪以底

门回到自己的房间。也许是换了地方睡不习惯,她跟丈夫站在宾馆的阳台上聊天。丈夫给她讲起他小时候的一段辛酸记忆。

小林的丈夫叫张波,他上小学的时候,家里并不富裕。张波的父亲是一个厂子的普通工人,而母亲却没有工作。日子算计着过还紧巴巴的。那年学校计划儿童节带学生们免费参观北京植物园。之后,搞一个作文大赛,题目就是围绕着植物园游记或者描写一种植物。学生们都兴奋地期盼着六月一日的到来。张波是班长,而且爱好就是写作,他还是学校第二课堂作文组的组长。他比谁都期待这一天。

可就在前一天晚上,他为了给加班回来的父母热饭菜,不小心被打翻的油锅烫伤了脚。当天晚上,被送进医院上药包扎。他要在家养伤,"六一"没有参加游园。他一天闷闷不乐。母亲晚上问他,是不是因为去不了植物园而郁闷。他说这不是重要的,最伤心的是他因此也无法参加他热衷的作文比赛。父母看到他沮丧的样子,想到儿子是因为他们而意外错过机会,父母商量要自费带儿子去植物园。可是,要知道,在当时,对于他的家庭,植物园的票很贵,是平日不可能有的奢侈消费。

第二天刚好是周日,父亲骑着自行车,带着张波,直奔植物园。为了节省,母亲没有一起去。到了植物园,父亲和看门的阿姨商量,说明孩子的来意,还让她看张波的脚,看能不能推着自行车进。阿姨说:"说得不好听点,你这要是轮椅,我们连门票都不收,自行车倒是没有先例,这样吧,我问问领导。"阿姨到办公室打电话去了。张波担心不能进去,白跑一趟。可父亲却坚定地说:"儿子,放心,今天我想什么法子,也得让你去。"一会儿那个阿姨走出来笑着对父亲说:"进去吧,领导还是很开明的。但是,你们一定注意不要损坏里面的植物。领导说了,他会发通知下去,必要的时候,让管理员可以帮你抬抬车子什么的。"父亲和张波都十分高兴,也非常感谢他们。

你赢,我陪你君临天下　你输,我陪你东山再起

一个星期后,张波按时把参赛作文交给学校。也不知道是哪个同学反映上去,说张波作弊,因为他根本没有参观植物园。老师找他谈话,他对老师说:"您看看我写的内容,就知道我没有说谎。"张波写的就是他因伤父母自费带他去植物园,并受到那里的员工热情服务的感人情节。

几天后,作文大赛的表彰大会上,张波荣获一等奖。而那个月,他的父母过得格外紧张,后来才知道,父母两个人一天只吃一份午饭……

余下的几天,小林一家人始终陶醉在秀美的湖光山色之中。那时候感觉父母一下子年轻了许多,母亲的状态也格外的好,也许这种效果就是医学上所说的"环境疗法"吧。

我们的父母,为我们辛劳一生。当他们真正闲暇下来,我们又处于发展事业的关键阶段,别说亲自侍奉父母,就是陪在他们身边的时间都很少。我们不是不惦记父母,而是我们还没有学会去协调我们的现在与父母的现在,别以忙为借口,多抽出时间与父母在一起。花些心思去让他们的生活更精彩,做到这一点并不难。

父亲的葬礼结束的那天晚上,肖峰和母亲回家整理父亲的遗物。母亲给肖峰看了父亲的护照,他打开一看,看见父亲护照的有效期还有四年。顿时,心里一阵颤抖,肖峰忍不住责备自己。因为他让父母去办护照,却一次也没有带过他们出国旅行。

今年春节放假回家陪父亲,肖峰发现父亲真的已经年老了,于是拉着父亲的手说,让父亲停了生意好好安享晚年,并提议十月的时候带着爸妈去国外旅游。

老人欣喜万分,第二天就赶紧去办了护照。

肖峰的父亲是工程师,早年曾经留学莫斯科,因此肖峰想就带父母

第五章 你的前半生我无法参与,你的后半生我奉陪以底

去俄罗斯看看红场,看看克里姆林宫,回忆他们那段意气风发的岁月。正当他准备着手安排行程的时候,父亲却在这个时候突然病倒了。刚住院时检查的结果是肺气肿,不久却被确诊是肺癌。

这让肖峰简直难以置信,之前如此健朗的父亲竟然得了肺癌。之后,他带着父亲到多家医院做了详细的检查,最终还是被确诊为肺癌。

肖峰一时感到六神无主,不知道该怎么办。自己的事业才刚刚起步,刚想让父母安享晚年时,父亲却病倒了。

父亲住院期间,肖峰经常往返医院、家和公司之间,不停地对父亲说一定要尽早康复,还要实施一家人的旅游大计呢。肖峰希望在病魔前,儿子能给父亲带来力量。然而,事实并不能如愿,病魔无情,虽然怀着对出国旅游的满心期待,但父亲的身体依然是每况愈下。三个月后,父亲就去世了。

此刻,肖峰翻看父亲的护照,泪眼模糊。如此简单的愿望却没有达成,为什么一定要在父亲年老体衰时才会想带他们出国去看看。这个遗憾让他久久不能释怀,只期望父亲在天国能够听到儿子的一声叹息。

有多久,没和父母聊聊天了?有多久,没有和父母出去了,哪怕是逛个街去个超市?小时候,父母总是牵着我们的手带着我们游山玩水。爸爸妈妈已经慢慢老去,是时候让我们牵着他们的手,带他们去看看外面的世界了。

你赢,我陪你君临天下 你输,我陪你东山再起

故地重游,听你说"想当年"

最近大伟的妈妈常常打电话来,抱怨他爸爸总是自己一个人跑出去,不知道在忙些什么。大伟微感诧异,他是家中的独生子,从小父母的感情就不错,从没有出现过这样的事情。想不到,大学毕业离开家到外地工作后,他的爸爸竟然有了这么大的变化。

听了妈妈的叙述后,大伟不禁疑神疑鬼,以为他爸爸在外面有了女人。毕竟,一大把年纪的人,一到周末就跑到外面去,确实很不正常。后来经过大伟的缜密调查才发现,是他的想法太过敏感了,爸爸原来是迷上了去那些著名的餐厅吃饭。

小时候大伟的爸爸就经常翻阅《天下美食》那类的杂志,对哪里有环境好、味道好的餐厅如数家珍,还总是自称美食通。不过大伟的妈妈并不喜欢出远门吃饭,在大伟出生后,就更是只在市场和家之间来来回回。

大伟把事情的真相告诉妈妈,并劝她说这是爸爸的爱好,让她不必在意。谁知大伟的妈妈更加气愤:"真不知道是怎么想的,就顾着自己一个人奢侈。"大伟听后实在无奈,想起幼时妈妈偶尔会带他在外面吃饭,就下决心也要抽空带爸爸妈妈去那些他们曾经去过的地方,听他们聊聊当时的情景,好让他们的感情再回到原来的样子,看到他们笑容满面的样子。

大伟翻阅了很多父母年轻时候的照片,又回想了很多他们给他讲的年轻时候的故事,决定带他们去他们在恋爱时常去的地方,相信不爱出门的妈妈也一定会同意去的。

好不容易找到一个周末,大伟开车到老家去接爸爸妈妈,爸爸麻利

第五章　你的前半生我无法参与,你的后半生我奉陪以底

地坐在了副驾驶的位置,妈妈则是一句话也没说,坐到了后排。他们两个人连句话都没有,气氛顿时显得很尴尬。

大伟一边开车一边从后视镜瞄着两人的表情,心里盘算着该怎样让他们回到原来那样亲亲热热的样子。正在这时,大伟爸爸开口问道:"工作怎么样?"

大伟爸爸话音还没落,大伟妈妈急忙接着问:"每天能按时下班吗?吃得好不好?"一路上他们说的话都是围绕着大伟的,在这些有一搭没一搭的问题问完后,又开始沉默起来。大伟想着一会儿到了目的地就会有机会让他们好好相处了,心里暗暗高兴。

大伟把车开到一家在港口附近的餐厅,这是父母恋爱时常来吃饭的一家餐厅,他还听妈妈提起过,她喜欢看海,就像歌里唱的那样"海风吹,海浪涌",在这家可眺望大海的餐厅里,有她无限美好的回忆。

大伟爸爸妈妈看到目的地是这里,都惊喜万分,大伟一边停车一边说:"今天咱们就在你们怀念的餐厅吃饭吧。"大伟爸爸妈妈似乎已经沉浸在年轻的回忆里,回到了过去的甜蜜时光。大伟的妈妈充满眷恋地看着那家已经被包围在高楼大厦中的餐厅,有点失望地说:"这下没法在这里看海了。"大伟的爸爸率先下车,然后帮大伟妈妈拉开车门说:"管他呢,进去看看再说。"

下车之后大伟才发现,港口周围建起了那么多的高楼大厦,从小小的餐厅落地窗旁能眺望大海的景致已经不复存在了。不过,能让爸爸妈妈再次回想起在这里度过的美好时光,大伟的目的就已经达到了。

他们一起走进餐厅,找到了他们常坐的位置坐下。大伟的爸爸妈妈环顾着四周,似乎在为这餐厅里面没有大的变化而欣慰。而他们之间的谈话也自然了很多,恢复了从前的样子。大伟妈妈笑着说她当年来这里总是点苏打水,大伟爸爸则说要喝这里的可乐,虽然都是些平平淡淡的内容,却让大伟觉得很甜蜜、温馨。

"想到带我们来这里,真不愧是你爸爸的儿子。"大伟妈妈看出大伟是想要让他们回忆起当年的感觉,有些不好意思地调侃道。大伟爸爸喝着可乐,嘴角分明地笑着说:"那是当然。"

一顿饭下来,听着爸爸妈妈细述当年的故事,看着他们脸上洋溢出来的幸福的笑容,大伟就知道这次故地重游是值得的。

曾经心动的声音已慢慢在爸爸妈妈耳边响起,浓郁纯美的岁月美酒将会映入他们脑海,风雨同济的百年温情就会升华到他们心里。岁月流逝,我们的爸爸妈妈日渐老去,只有当他们回首往事时,才能感知昔日斑斓的光影,才能想起自己也曾年轻过。

世间有一种爱叫隔代亲

世间有一种爱叫隔代亲,老人总会对儿女的孩子有一种特殊的感情,有时候甚至会胜过对待自己的孩子。可作为儿女,却并不希望自己孩子的思想受老人过深的熏陶,认为老传统、老套套并不适合在现在这种社会生存打拼,加上担心孩子会被老人宠坏,所以大多数年轻父母都宁愿自己带着孩子,也不愿意把孩子交到想念孙子孙女的祖父母手中。

梁英是个不幸的孩子,她8岁那年就没了妈;可她又是一个幸运的孩子,因为爸爸几乎把所有的爱都给了她,使她没有像大多数没妈的孩子那样邋遢脏乱。梁爸爸那时候在县城工作,单位安排了职工宿舍,

第五章 你的前半生我无法参与，你的后半生我奉陪以底

不过想到女儿，还是宁愿每天骑上4个小时的自行车上下班。梁英小时候就特别喜欢吃棉花糖，她喜欢大大的它在自己的口中一点点变小，吃完之后有着说不出来的成就感。所以到了爸爸下班的时候，梁英总会守在村子口等着父亲，因为父亲总会带回来一朵大大的棉花糖。

梁英长大成人有了自己的三口之家后便搬出了和父亲一同生活了二十多年的老屋。虽然她也知道爸爸特别喜欢自己的儿子，但还是义无反顾地走了，独留老人一个人守着老屋子。

梁爸爸见不到外孙子之后，挨不住想念，便每天都往梁英家跑，而且每次都会带上两大朵棉花糖，一个给外孙子，一个给女儿。对于爸爸的勤快，梁英却渐渐产生了厌烦心理，觉得他来得太频繁了，一待就是几个小时，抱着孩子就不放手，影响了孩子的正常休息，而且还对孩子有求必应地宠着，担心总有一天会惯坏了他。渐渐梁英对爸爸的来访显得漫不经心，一开始还能敷衍着和爸爸说几句，后来便是避而不答了，有时候甚至在爸爸和儿子玩得正开心的时候把儿子领走。

老人也看出了女儿不是特别欢迎自己，更不喜欢自己碰外孙子，伤心之余努力克制着自己对外孙子的思念不再去打扰她们。梁爸爸整天一个人守在老房子里，有时太闷了，会在附近溜达溜达，不敢远走，怕女儿回家找不到自己。老人总是嫌屋子太大，静静地，连自己的呼吸声都听得见。待着待着还能出现幻觉，总觉得走了将近20年的老伴还活着，在屋子里默默地打扫着卫生。老人心里知道这不是好现象，于是会去邻居家坐坐，可看到人家儿孙满堂、热热闹闹的就更觉得自己凄楚，坐不到5分钟又礼貌地退了出来，但也不进自己屋，就坐在大门口望着前面的拐角处，希望能看到女儿带着外孙子归来的身影。

在爸爸忍受寂寞的时候，梁英的日子过得很滋润。儿子被她送进了幼儿园，自己在家的时候也闲不着，约几个姐妹玩玩扑克牌来打发时间，日子过得逍遥自在，几乎忘了爸爸的存在。

你赢,我陪你君临天下　你输,我陪你东山再起

直到有一天,丈夫无意中说道:"爸怎么好几天没来了,你带着儿子去看看吧!"梁英才选了个天好的日子回了趟娘家,这时候才知道父亲病了,病得很重。家里很暗、很冷,爸爸就躺在冰凉的炕上闭着眼睛,气息不稳地吐着热气。梁英赶忙把爸爸送到了医院,经过检查是由于感冒引起的肺部感染,除此之外还有精神抑郁、营养不良的症状。等爸爸醒来之后,梁英生气地埋怨爸爸生病了为什么不告诉自己,而爸爸也只是看着女儿笑笑,搂着抱着自己脖子撒娇的外孙子,嘴上说着没什么大事,就是想外孙子了。

病情好转之后,日子还是这么过着。梁英看到消瘦的爸爸,隔上四五天会带着儿子去给他送一些吃的,不过每次都是以孩子还要读书为理由送了就走,而爸爸对于女儿每次送来的东西都会很快吃完,盼望着女儿能带着外孙子快些来,并希望他们能多待一会儿,让邻居看看他也是有外孙子的人。

自那场大病之后,梁爸爸一直没有彻底好起来,反而病情越来越重了,不幸的事情终于发生了。在爸爸又一次病倒时,梁英是真的害怕了,她没想到人会是这样的脆弱,年纪也不是很大的爸爸就这样倒下了,在爸爸陷入弥留之前,并没有把唯一的女儿叫到身边,而是有话要留给外孙子。梁英站在病房门外,看着祖孙两个耳语。孩子对外公很有感情,抽着气嘤嘤地哭着,还不时地点着头。

安排完爸爸的后事之后,梁英问儿子外公最后说的到底是什么。儿子告诉她,外公给自己买了几个玩具放在家中的柜子里,又叮嘱他,长大以后就算参加工作了也不要走得太远,独留父母在家中,他们年纪大的时候,会越发感到孤单,不要让妈妈和外公一样孤单一人活受罪。梁英抱着孩子静静地哭了起来,追悔莫及。

谈到孝敬父母,常常有年轻人显得甚是为难,给父母找了保姆伺候

着,每月汇钱孝敬着,难道这样还不叫孝顺吗?隔三差五就会通电话,怎么还是不满足呢?想孙子孙女,难道孩子的教育就比不上给老人家解闷重要吗?孝子怎么就这么难当。如果能换一个角度想的话,就能理解父母的感受了。想想自己的爷爷奶奶、姥姥姥爷是怎样疼爱自己的,每次看望他们的时候都是翻箱倒柜给自己找好吃的,又有哪次离别的时候不是恋恋不舍、眼泪汪汪的,没等到走出家门口,就追问着下次来是什么时候。

人老易孤独,也许自己没有时间,那么就让孩子们陪陪他们吧,小孩的童真童趣是中和老人们陈朽气息的最佳良药。父母快乐的时候,才会发现他们脸上的笑容是世间最可贵的东西,但又是最不难得的东西。所以不要让老人们孤单地离去,空留自己的一片悔恨。

你的感恩,是父母最大的快乐

父母是我们人生的第一任老师,从我们呱呱坠地的那一刻起,我们的生命就倾注了父母无尽的爱与祝福。也许,父母不能给我们奢华的生活,但是,他们给予了我们一生中不可替代的东西——生命与关爱。

有一个男子在一家花店前停下车,他打算向花店订一束花,请他们送给远在故乡的母亲。

男子正要走进店门时,发现有个小女孩坐在路边哭。男子走到小女孩面前问她:"孩子,你为什么在这里哭?"

"我想买一朵玫瑰花送给妈妈,可是我的钱不够。"孩子说。男人听

你赢,我陪你君临天下 你输,我陪你东山再起

了感到心疼。

"这样啊……"于是男人牵着小女孩的手走进花店,先订了要送给母亲的花束,然后又给小女孩买了一朵玫瑰花。走出花店时男人向小女孩提议,要开车送她回家。

"真的要送我回家吗?"

"当然啊!"

"那你就把我送到我妈妈那里吧。可是叔叔,我妈妈住的地方,离这里很远。"

"早知道就不载你了。"男人开玩笑地说。

男人照小女孩说的一直开了下去,没想到走出市区大马路之后,随着蜿蜒山路前行,他们竟然来到了墓园。小女孩把花放在一座新坟旁边,她为了给一个月前刚过世的母亲献上一朵玫瑰花,而走了很远的路。

男人将小女孩送回家中,然后再度折返花店。他取消了要寄给母亲的花束,而改买了一大束鲜花,直奔离这里有五小时车程的母亲家中,他要亲手将花献给妈妈。

故事中的一朵玫瑰花,告诫我们时刻都要抱有感恩之心,也许不必等到为逝者举行盛大丧礼,而应在他们在世时,就尽显孝心。尤其是对父母的感恩,我们没有理由拒绝。"树欲静而风不止,子欲养而亲不待",父母在世,是一个人最大的幸福。经常放开烦琐的工作,去陪陪父母,这或许就是你能尽的最大的孝心了。

怀着一颗感恩的心来对待亲情吧!你的感恩,是父母最大的快乐。

从前,有个年轻人与母亲相依为命,生活相当贫困。

后来年轻人因为内心苦闷而迷上了求仙拜佛。母亲见儿子整日念念

104

第五章 你的前半生我无法参与,你的后半生我奉陪以底

叨叨、不事农活的痴迷样子,苦苦劝过很多次,但年轻人对母亲的话不理不睬,甚至把母亲当成他成仙的障碍,有时还对母亲恶语相向。

有一天,这个年轻人听别人说起远方的山上有位得道的高僧,心里不免仰慕,于是想去向高僧讨教成佛之道,但他又怕母亲阻拦,便瞒着母亲离家出走了。

他一路上跋山涉水,历尽艰辛,终于在山上找到了那位高僧。高僧热情地接待了他。听完他的一番自述,高僧沉默了很久。当他向高僧寻问佛法时,高僧开口道:"你想得道成佛,我可以给你指条道。吃过饭后,你立刻下山,一路到家,但凡遇有赤脚为你开门的人,这人就是你所谓的佛。你只要悉心侍奉,拜他为师,成佛是非常简单的事情!"

年轻人听了非常高兴,谢过高僧,就欣然下山了。

第一天,他投宿在一户农家,男主人为他开门时,他仔细看了看,男主人没有赤脚。第二天,他投宿在一个城市里的富有人家,更没有人赤脚为他开门。他不免有些灰心。第三天,第四天……他一路走来,投宿无数,却一直没有遇到高僧所说的赤脚开门人。他开始对高僧的话产生了怀疑。快到自己家时,他彻底失望了。日落时分,他没有再投宿,而是连夜赶回家。到家门时已是午夜时分。疲惫至极的他费力地叩响了门环。屋内传来母亲苍老惊悸的声音:"谁呀?"

"是我,妈妈。"他沮丧地答道。

门很快打开了,一脸憔悴的母亲大声叫着他的名字把他拉进屋里。在灯光下,他的母亲用泪眼端详着他。

这时,他一低头,蓦地发现母亲竟赤脚站在冰凉的地上!刹那间,灵光一闪,他想起高僧的话。他突然什么都明白了。

年轻人泪流满面,"扑通"一声跪倒在母亲面前。没想到离开家的几天里母亲竟然衰老了这么多,顿时心生愧疚。

105

你赢,我陪你君临天下　你输,我陪你东山再起

我们有时就像故事中的青年,总是在强调着我们生活中遇到的不幸,却忘记了父母其实比我们受了更多的苦;我们总是强调着自己对生活的无力,却忘记了父母也如同我们一样在生活,可父母却为了我们在坚强地生活着;我们总是在强调着自己对生活对未来的构想,却忘记了,未来的生活是因有了父母所给予的一切才变得更加触手可及,才变得更加美好幸福。所以,我们一定要常回家看看父母,多关怀父母,让父母的晚年生活过得温馨快乐。

父母的爱是无私的,我们应该珍惜父母伟大的爱,做一个孝顺的孩子,用自己对父母的爱悉心关怀照顾年迈的父母,听从父母的教导,关心父母的健康,分担父母的忧虑,参与家务劳动,不给父母添乱。如果说平时因居住地较远,工作太忙不能和老人朝夕相处,那么在休假日要尽量抽时间带上孩子去看望老人,帮老人做些家务,同老人共聚同乐,尽一份子女应尽的责任和义务。

很多时候,我们会对别人给予的小惠"感激不尽",却对亲人、父母的一辈子恩情"视而不见"。其实亲情就这样无时不在,它容忍着人们的遗忘和把它看作理所应当。我们就这样享受着父母给予的爱,自私地霸占着,剥夺了他们的青春。将他们的辛劳变成我们饱腹蔽体的物品,用他们的苍老换来了我们朝气的青春,但我们还抱怨他们的忠言,抱怨他们的谆谆教诲。或许只有等到我们身为父母,只有等到自己养儿育女的那一天,才会了解为人父母的那种心情,那种对子女无私的爱。

也许,生活的步履过于匆忙而使我们忘却了对身边的亲人说一些感激的只言片语,往往等到我们觉察到时已经追悔莫及。现在,我们不妨停下脚步,怀着一颗感恩的心,对他们说一声感谢。感谢他们把我们带到这个世界,感谢他们培育我们健康成长,感谢他们让我们得到这世间一切美好的东西。

第五章 你的前半生我无法参与,你的后半生我奉陪以底

有些事现在不做,一辈子都没机会做了

天下的父母,为了孩子不惜放弃自己的一切,乃至生命。十月怀胎的辛苦和抚养长大的操劳都凝聚了父母一辈子无怨无悔的付出。不求回报,只求孩子平安快乐。作为儿女的我们,又为他们做了什么?

凌燕15岁生日那天,兴高采烈地跑进家门,心里想着爸妈会给自己准备一份什么样的大礼。

意外的是,没有包装华丽的洋娃娃玩偶,也没有精致考究的电子产品,爸爸妈妈假装神秘地跟她挥着一个薄薄的信封,并意味深长地说:"这个是我们为你精心准备的生日礼物,你可要好好保存啊。"

看着那份礼物,凌燕一瞬间有点失落。这么简陋的一份礼物,像是浪费之前各种期盼的心情,于是她闷闷不乐地躲进了房间。可是,当她拆开信封,看到信的内容的那一瞬间,才发现原来这份礼物是多么的宝贵和深刻。

"亲爱的女儿:

"你现在已经是一名初中生了,不再是懵懂的小孩子,从今天起你就要学会做大人的一些事情,爸爸妈妈非常爱你、喜欢你,希望你能快乐健康地成长,成为对社会有用之人。所以,我们在你懂事开始就为你建立了成长日记,觉得今天有必要把你成长中的优点记录下来,让你记住,希望你无论多久、无论走到哪里都要保持,不要丢掉。

"1.你活泼可爱,能歌善舞。每次家庭聚会你都给大家带来很多的欢乐,尽管唱歌和舞蹈都很不专业,把大家逗得前仰后合,但却使家庭的气氛其乐融融。

你赢,我陪你君临天下　你输,我陪你东山再起

"2.你待人热情,有礼貌。无论在什么地方你都能热情地跟人家打招呼,我们听见邻居们夸你懂事,心里也特别的安慰。

"3.你心地善良,爱护家里的长辈。爷爷、奶奶、姥姥、姥爷,不论哪位老人生病你都不厌其烦地送水、送饭,我们看在眼里,喜在心头。

"……"

读到这里,凌燕泪流满面。她想到爸爸妈妈工作很忙,却还为了她操了很多心,花费了很多心血。这份成长日记,不仅仅是对她的一种肯定和爱护,更是一种亲情的深刻体现。这个礼物比世界上任何东西都珍贵。

从这以后,凌燕也学会了用写日记的方法记录自己和爸爸妈妈之间的感情。她想要把他们对她的爱全部记下,用她自己全部的爱给爸爸妈妈回信。

如今凌燕已经是一个大三的学生了,这个记录"爱"的习惯也一直持续到现在。离家在外的日子里,总是充满了想念。想念他们的细致的关心,想念他们的温暖的爱。离开父母的日子里,这本日记就成了她全部的精神寄托。厚厚的日记本放在床边,凌燕感觉爸爸妈妈就在自己身边,翻看这些记录父母的点点滴滴,她的思念化作无限的感慨。

父母为孩子默默地付出大半辈子,他们在孩子生病时焦急地寻医问药,整夜整夜地陪护,为了孩子能多才多艺,起早贪黑地接送孩子去上学习班。他们无私地为了孩子着想,这就是血浓于水的爱。

凌燕假期回家,爸爸妈妈每次都做好多她喜欢吃的东西,每次对他们说"以后我会加倍地对你们好"时,爸爸妈妈总是乐呵呵地说:"你过得好,以后幸福就好。"

一位知名学者曾写下这样的文字:

第五章 你的前半生我无法参与,你的后半生我奉陪以底

当你一岁的时候,她喂你吃奶并给你洗澡,而作为报答,你整晚地哭着;

当你三岁的时候,她怜爱地为你做菜,而作为报答,你把一盘她做的菜扔在地上;

当你四岁的时候,她给你买下彩色笔,而作为报答,你涂了满墙的抽象画;

当你五岁的时候,她给你买既漂亮又贵的衣服,而作为报答,你穿着它到泥坑里玩耍;

当你七岁的时候,她给你买了球,而作为报答,你用球打破了邻居的玻璃;

当你九岁的时候,她付了很多钱给你辅导钢琴,而作为报答,你常常旷课并不去练习;

当你十一岁的时候,她陪你还有你的朋友们去看电影,而作为报答,你让她坐到另一排去;

当你十三岁的时候,她建议你去把头发剪了,而你说她不懂什么是现在的时髦发型;

当你十四岁的时候,她付了你一个月的夏令营费用,而你却整整一个月没有打一个电话给她;

当你十五岁的时候,她下班回家想拥抱你一下,而作为报答,你转身进屋把门插上了;

当你十七岁的时候,她在等一个重要的电话,而你抱着电话和你的朋友聊了一晚上;

当你十八岁的时候,她为你高中毕业感动得流下眼泪,而你跟朋友在外聚会到天亮;

当你十九岁的时候,她付了你的大学学费又送你到学校,你要求她在远处下车,怕同学看见笑话你;

你赢,我陪你君临天下 你输,我陪你东山再起

当你二十岁的时候,她问你"你整天去哪",而你回答"我不想像你一样";

当你二十三岁的时候,她给你买家具布置你的新家,而你对朋友说她买的家具真糟糕;

当你三十岁的时候,她对怎样照顾小孩提出劝告,而你对她说"妈,时代不同了";

当你四十岁的时候,她给你打电话,说亲戚过生日,而你回答"妈,我很忙没时间";

当你五十岁的时候,她常患病,需要你的看护,而你却在家读一本关于父母在孩子家寄身的书;

终于有一天,她去世了,突然,你想起了所有该做却从来没做过的事情,它们像榔头一样痛击着你的心……

如果有一天,作为子女的我们要给自己父母回那封信,要写出最爱他们的话,别说10项,100项都不够说,千言万语也说不尽父母对我们的恩情。如果说报答,那就勇敢地说:"爸爸妈妈你们的前半生我无法参与,你们的后半生我奉陪到底!"

从此刻起,记录与父母生活的点点滴滴,写下自己最爱他们的地方,那时我们会发现,父母爱我们远远胜于我们对他们的爱。

第六章

我有能力报答时，你仍然健康

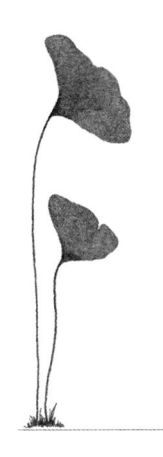

> 我相信每一个赤诚忠厚的孩子，都曾在心底向父母许下"孝"的宏愿，相信来日方长，相信水到渠成，相信自己必有功成名就、衣锦还乡的那一天，可以从容尽孝。可惜人们忘了，忘了时间的残酷，忘了人生的短暂，忘了世上有永远无法报答的恩情，忘了生命本身有不堪一击的脆弱。
>
> ——毕淑敏

我们一起去跑步

健康是我们人生中最宝贵的财富，是所有幸福的前提，它是我们生活的一个最强有力的保障。而运动又是老少皆宜的"养生药"，但却有许多老人家宁愿一下午守着电视，也不愿下楼溜达溜达，还说："唉，老了，懒得动了，每天出去走走，都觉得很累呢。"很多人听到父母这

你赢，我陪你君临天下　你输，我陪你东山再起

么说，多半就放弃了劝父母运动的念头，但其实如果有儿女陪伴着一起运动，父母们还是会愿意去接受挑战的。

　　正处于年轻时期的沈澈是个十分卖命工作的人，他相信年轻就是资本，应该趁着年轻多做些事儿。因此经常通宵熬夜，白天补觉，日夜颠倒，终于在一次熬夜工作后晕倒了，被送进了医院。

　　康复后，沈澈回到公司依然继续像之前那般卖命工作。但是给人的感觉却和以往大不相同，感觉他每天都活力四射，朝气蓬勃的。同事问他是不是最近有什么喜事让他这样高兴。他说，这是一个秘密。

　　在一次聚会上，同事又问起这个事情，沈澈最终吐露了真言，他解释道，其实说起来自己挺羞愧的，他母亲在他生病的时候天天早上把他拉出被窝，和她一起跑步、做广播操、跳绳等。几天下来，他身体明显感觉不一样，轻松了很多，现在他和妈妈还一起晨跑呢。

　　有同事说："沈澈，你妈妈真是个聪明的妈妈啊。"

　　沈澈又说，其实这里头还有故事。那是沈澈初中一年级的时候，沈澈还是个运动健将，在那年的秋季运动会上，操场上飘扬着各色旗帜，同学们都兴奋不已，积极参加各种比赛。沈澈也参加了运动会，并且参加了每年运动会最激动人心的"抽纸条"活动。就是在跑完100米之后，在一堆小山似的小纸条里抽出一张，然后根据上面的要求做出各种动作。

　　"砰！"发令枪响了，沈澈第一个冲到台前，展开小纸条——背着妈妈跑。

　　沈澈很为难，他看看观众席上有200斤重的妈妈，又看看自己抽中的纸条，磨磨蹭蹭地走到妈妈身边，说："妈妈，我要背着你跑呢！"

　　沈澈的妈妈怎么也没有想到儿子抽中的是这么一个纸条，在大家的哄笑声中，沈澈和妈妈来到了起跑线前。沈澈用了吃奶的劲儿背起妈

第六章 我有能力报答时,你仍然健康

妈,勉强地背着妈妈走了50米,累得不行了,摔倒在地上就爬不起来了。在那以后很久,这段运动会上的特殊风景还被人们津津乐道。

回家后,沈澈就要求妈妈每天锻炼身体,不仅是为了减肥,也是为了她的健康。

沈澈的妈妈很听话地开始了每天运动的计划,沈澈也陪着妈妈一起锻炼。

现在沈澈工作了,很少锻炼,但沈澈的妈妈却依然保持着每天运动的好习惯。上次沈澈病倒,妈妈说起这个沈澈已经快要忘了的故事,说当初是儿子要求妈妈锻炼,让妈妈养成了一个好习惯,还保持了健康,现在轮到妈妈要求儿子一起锻炼。

所以,从出院那天起,每天早晨都能在小区里见到沈澈和妈妈一起跑步的身影。

和父母一起运动,我们可以和父母一起分享彼此的心情,谈天说地,我们向父母发发工作中的小牢骚,说说工作中有趣的事情,父母和我们说说小区里的新鲜事儿,电视中播放的新闻、电视剧等,这样我们既享受着运动的快乐,又很好地填补了父母与子女之间因为工作的缘故产生的空白。

当我们长大了,都工作了的时候,父母要的只是能够多和我们在一起,进行这样有意义的共同运动,满足了父母的愿望,也锻炼了父母和我们自己的身体。

运动能使人精神旺盛,心情舒畅。人体在锻炼的时候会释放出许多有益的激素,能调节人的情绪和心境,增强抵抗力,有益于身心健康。所以,运动是保持青春的妙方,是延年益寿的良药。运动的最大好处是延缓衰老和动脉硬化,如果能坚持走路50年,就可能做到50年体重不变。如果保养得好,完全可以做到体重、血压10年、20年甚至50年不

变。子女可以根据自己父母的具体情况，为他们制订相应的锻炼计划，延缓父母的衰老，令他们健康长寿。

在制订计划时，要注意运动的强度和时间上的规划，确保它们符合父母的身体状况和生活习惯。在运动量上，可采取弹性的计量方式，刚开始时少量运动即可，等父母适应了之后再逐渐增加。在条件允许的情况下，也可以主动陪父母一起运动，这样会使父母更有动力，而且也能在共同的锻炼中增进子女与父母之间的感情。

今晚，我来给你下厨

对于很多忙碌的上班族来说，与父母的相聚是一种奢谈，这是生活所迫，我们不易改变。但是父母那牵挂游子的心，始终在等待子女片刻的停留。

老人们不说，但是他们一直在心里祈祷。

镜头一：一个阳光洒满屋子的上午，儿子围着围裙，在厨房里洗好了西红柿、黄瓜、油菜，再把鸡蛋打碎。打开煤气灶，添上油，放上菜……

这是儿子第一次下厨房做饭。

这两天儿子忙着去书店看菜谱，在网上搜索一些做饭的视频看。最后，他选择做两道既简单又美味的菜让母亲尝尝。早上一起床就去菜市场买好了菜。

镜头二：以前，儿子不是这样的。

第六章 我有能力报答时,你仍然健康

那时,他要一边嗑瓜子,一边看电视。母亲进来叫他吃饭。他会不耐烦地冲母亲嚷:"别叫了,烦死了。"

那时,母亲也和现在的他一样,要买菜、择菜、打鸡蛋……一个人在厨房里忙。不过母亲这饭一做就是18年。父亲在他刚满月的时候,就去世了。母亲一个人撑起家,中午12点下了班,就急急忙忙地骑着自行车去菜市场,然后往家赶。

镜头三:有一次临近高考,母亲看儿子学习累,就陪儿子去公园散散步。快到傍晚,夕阳已经下山了。儿子问母亲:"妈,今晚咱们吃什么啊?"

母亲微微笑了笑:"妈什么时候能吃上儿子给我做的饭?"

儿子说:"妈,等您老了我天天做给您吃。"

"嗯,好儿子……"

镜头四:时间过得真快,儿子上了大学。放假有空回家,难得做一次饭。饭菜都做好了,儿子坐在餐桌上给母亲拿了筷子、碗。时钟滴滴答答地走着,每天12点母亲都会准时回家。10分钟……5分钟……3分钟……1分钟,快到12点了。

"当、当、当……"12点的钟声响起了。

满头白发的母亲推开门,手里拿着菜。看着满桌子的菜,母亲没说句话,眼眶中似乎有泪光闪烁。儿子拉开凳子,让母亲坐。儿子给母亲夹菜,示意母亲多吃。

儿子回过头扒拉着自己碗里的饭,泪水就那样一滴滴掉了下来。

镜头五:母亲的位置上根本就没有母亲。前几天,母亲像往常一样提着菜正准备上楼,却昏倒在地上。以后就再也没起来。

"妈,你还没吃上我做的饭呢!妈……你怎么就走了呢!"儿子看着座位上母亲的遗像,痛哭流涕。母亲没有回来。满桌子的菜,母亲一口都没有吃到。

你赢,我陪你君临天下 你输,我陪你东山再起

这是一个在网上感动无数网友,几天时间就被各大网站转载的视频——《天堂午餐》。视频中儿子给去世的母亲做了一顿她盼望已久的午餐,却只能是送往天堂的午餐。

所以趁现在父母在,为他们做上一桌饭,虽然味道可能差强人意,可是在父母看来,那顿饭一定是他们吃过的最香的饭。当他们走了,才明白"子欲养而亲不待",那时一切都晚了。

叶熙阳的父亲一辈子辛勤劳作,闲不下来,到六十多岁还在工地上干活。叶熙阳多次劝父亲,他每个月会给他们寄生活费,操劳了一辈子的他应该好好休息,安享晚年。可是叶熙阳的父亲嘴里答应,却瞒着他偷偷去做些零工。

一天,叶熙阳在下班的路上,突然接到母亲的电话。母亲通常不在这个时候打电话给他的,所以他觉得一定是有什么急事。果然,母亲在电话那头慌张地说父亲在工地昏倒了,现在在医院。

叶熙阳顾不上回家,直接打车赶到医院。他的母亲、伯父还有叔叔都来了,医生诊断出他的父亲是胃癌晚期。听到这个消息,犹如晴天霹雳,叶熙阳的母亲已经撑不住了,瘫坐在地上久久不能起来,叶熙阳也顿时不知所措。

叶熙阳极力控制住内心的悲伤,整理好情绪想从医生那儿多了解一些情况。他希望这是医生误诊,希望情况还没有那么糟。但是医生让他节哀,并确切地告诉他是胃癌晚期,而且时间不超过六个月了。

叶熙阳感到非常不解,一个月前他回家时父亲还好好的,还带着他的儿子去跑步,为什么一个月不见,情况却是这样子?后来,叶熙阳的母亲说他父亲以前胃经常不舒服,常常吃不下饭,但是怕花钱,一直没有去医院看,只在诊所开些药吃而已。

第六章 我有能力报答时,你仍然健康

叶熙阳又生气又懊悔,他生气为什么父亲有病不去看,而懊悔自己为什么不多注意父亲身体的状况,为什么不定期带父亲母亲去做一次体检。然而,现在懊悔也无济于事了。

在那之后,叶熙阳父亲的情况不断恶化,为了省钱,父亲母亲坚持不做化疗,只吃些止疼药和常规药。渐渐地,叶熙阳父亲的饭量越来越小,因为吃了也难以消化。到后来,他的父亲竟连一口饭菜也咽不下去,只能喝些粥及靠药水维持生命。

眼看着父亲一天天衰弱下去,剩下的时间越来越少,叶熙阳难过极了。为了让父亲不太孤单,他每天下班都来陪伴父亲。为了让父亲高兴一点,哪怕能吃点东西也好,他特地跑到一家餐厅去买来父亲以前喜欢吃的金枪鱼寿司和关东煮。

可是父亲虚弱地说:"儿子啊,我不想吃,什么也吃不下。你吃吧……"

"那您想吃什么?您告诉我,什么都可以,儿子给您买。"看着健硕的父亲一天天消瘦下去,叶熙阳哭着鼻子跟他说。

父亲忍着剧痛勉强地笑了下,努力想抬起他那只长满老茧的手,叶熙阳紧紧地把父亲的手攥在怀里。父亲说了一句让他感到很意外的话:"那我想吃……想吃你做过的土豆炖牛肉……"

这是叶熙阳学会的第一道菜,那是初中时学校举办才艺大比拼,他特地向母亲学的。当时花了好长时间来学做这道菜,而父亲是这道菜的第一位评委,叶熙阳还记得当时父亲那副嘴馋的样子。

走出医院,叶熙阳立刻向超市跑去,买好食材,马上回家使尽了浑身力气做起了土豆炖牛肉。他把土豆去皮,切成父亲能吃的小块,再把牛肉也切成小块。父亲喜欢吃皮,他买的都是带皮的牛肉。然后剥大蒜,突然蒜汁儿跑进眼睛,一滴眼泪掉了下来。

霎时,泪水夺眶而出。任凭泪水流淌,叶熙阳小心翼翼地剥好大蒜

·117·

并切成蒜泥。他开始一丝不苟地做起土豆炖牛肉，先把牛肉过水再入锅，过会儿再把土豆和其他材料放进锅去，文火炖到烂熟，再把蒜泥撒在上面。

叶熙阳迫不及待地把它送到父亲那儿，闻到那熟悉的味道时，父亲僵硬的嘴角出现一丝笑容，可眼角却出现几道血丝。叶熙阳用小勺小心地把土豆炖牛肉送到父亲的嘴里，父亲开心地张开嘴吃进了多天以来的第一口饭。

叶熙阳心里暗想，只要父亲想吃，哪怕只吃一口，他也要给父亲做。

如果，你肯为父母下厨做一顿爱心饭，即使菜烧得咸、饭煮得生硬，父母吃起来也胜过珍馐；如果你肯用心为父母学一道父母爱吃的菜，即使你的厨艺与父母相差甚远，父母吃起来也是津津有味；如果你肯早点下班陪伴父母吃一顿家常菜，父母也会将这个短暂的时光放到永远的记忆里……

把父母曾经为你缔造过的美好一一整理，放大，然后全部展现。这就是你能做到的孝。

这也可以成为你的自豪，也是父母想要的骄傲。

你记得父母的生日吗

很多时候，父母所需要的是我们对他们的关爱，而我们往往忽略了这些。父母慢慢地变老，但是我们甚至不记得他们的生日，甚至不清楚他们的年龄。

第六章 我有能力报答时，你仍然健康

西安一所大学做了一个调查，看有多少人知道自己父母的生日。结果，超过一半的大学生不记得父母的生日和年龄，也从来没有给父母过过生日。当遇到需要填父母的出生年月的表格的时候，他们总是拿出手机，给父母打电话询问。

一个好朋友在每年的特定一天，他都会关掉手机。

我们对此事十分好奇。后来他告诉我们说，因为这一天必须是完全属于他父母的，没有琐事，只是陪在父亲身边而已。

刚开始我们只当他从小就这样孝顺，但他却有些难过地告诉我："这是母亲的临终嘱托，一定要每年陪父亲过生日，无论如何都不能缺席。"第一年，他早早推掉那天的琐事并准备买件衣服送给父亲。可是，由于之前父子关系一直很紧张，他从没有细看过父亲，只能凭感觉以自己的尺寸买了一件大衣。当天一早他就出门了，可是一直犹犹豫豫到下午两点，他才敲响了父亲家的门。

"大门打开的时候，我还没做好心理准备，就发现父亲眼睛通红，失去往日的一脸严肃。他看着我故作镇定地问：'你怎么来了？'我怯生生地答道：'生日快乐。'他听到这儿猛然一把将我抱住，我背上一阵温热，他竟然哭了。而我也没有忍住，哭了出来。进屋，我就看见桌上摆着一个酒瓶，父亲看见我好奇的神色，故作自若地耸耸肩说：'我最怕一个人过生日了，如果你没来，我只能把自己灌醉了。'"

那是奇妙的一天，父子两人就好像多年未见的朋友一般聊了很多，从生日、工作一直到女朋友、婚姻，几乎无所不聊。他从不知道没有母亲在一边撮合的情况下，能和父亲有这么多可以聊的话题。

剑拔弩张的父子关系就这样化为绕指柔，陪父亲一起过生日成为两人奇妙的缓冲剂。那天以后，尽管他和父亲很少有机会碰面，但是每年总要在父亲生日这天陪着父亲。就这样父亲的生日变成了两个人的

> 你赢,我陪你君临天下　你输,我陪你东山再起

节日,最近他准备自己的生日也和父亲一起过。

我们要孝敬父母,就从记住父母的生日开始吧,这并不是一件很难的事情。可以和朋友约定相互提醒,或者在自己的记事本上记上,到父母生日的时候,给爸爸妈妈买点小礼物,或者做个菜;尽量提前安排好,陪父母过生日。

晚上的时候,小豆和爸爸妈妈一起看电视,电视上两个年轻的男女主持人和一群孩子正兴致勃勃地做游戏、聊天。主持人首先问孩子们:"爸爸妈妈都知道你们的生日吗?"

孩子们异口同声地回答:"知道!"

主持人接着问:"爸爸妈妈给你们过生日吗?"孩子们还是异口同声地回答:"过!"

主持人再问:"你们过生日的时候,爸爸妈妈送什么礼物给你们?"

所有的孩子都神采飞扬地夸耀着爸爸妈妈给自己送的生日礼物。这时候,主持人又问孩子们:"你们谁知道爸爸妈妈的生日?"这时候,刚才还喧闹不止的孩子们突然都默不作声了。

主持人问一个秀气的女生说:"你知道爸爸妈妈的生日吗?"女生红着脸,羞愧地摇了摇头。主持人接连问了几个孩子,他们都回答不上来。主持人接着问:"爸爸妈妈过生日的时候你们给他们送什么礼物啊?"

大多数孩子仍旧保持了沉默,只有少数孩子回答说曾给爸爸妈妈送过生日礼物。最后,主持人说:"孩子们,你们想过没有?爸爸妈妈为什么能记住你们的生日,而你们却记不住爸爸妈妈的生日呢?爸爸妈妈为什么会给你们送生日礼物,而你们却不知道给他们送生日礼物?"孩子们都低下了头。

第六章 我有能力报答时,你仍然健康

主持人接着说:"那是因为你们还不知道关心别人,孩子们,你们说这样做对吗?"所有的孩子齐声回答说:"不对!"

看完节目,小豆可惭愧了,因为他也不知道爸爸妈妈的生日,更不要说帮他们庆祝了。于是,小豆转过身,对爸爸妈妈说:"爸爸妈妈,从今天开始,我一定记住你们的生日。"爸爸妈妈听小豆这么一说,都欣慰地笑了。

子女的生日,就算全世界的人都忘记了,而其父母永远也都会铭记于心。被当成每年必须精心准备的节日对待。不管多远的距离、多久的时间都割舍不断他们对你的牵挂。

而父母的生日,作为子女也不应该忘记,谁也不希望被自己所关心的人遗忘。每年当父母生日来临之时,真心地奉上一份礼物,送出一份诚意的祝福,就算只是几颗糖果、几句话,也能令二老感受到你的体贴和牵挂,让他们过个甜蜜而温暖的生日。

有人说:"孝心也许是一处豪宅,也许是一片砖瓦;也许是纯黑的博士帽,也许是作业本上的红五分。但是在'孝'的天平上,他们永远等值。"只要我们带着真心实意去祝福父母,就是他们最大的欣慰。最好的爱,是陪伴。最好的陪伴,是有子女在身边。亲情的体现不在于排场有多大,不在于给父母的物质享受有多丰厚,而是在父母的生日这样一个特殊的日子里,他们的身边能有你的关心和陪伴,这才是父母最想要的爱。

你赢,我陪你君临天下　你输,我陪你东山再起

每年带父母做一次全面的体检

　　夏珊是个很幸福的女孩。她是家里的长女,下面还有一个妹妹。姐妹两个从小感情极好,一起上学,一起玩耍,走到哪几乎都是形影不离。当年她在学校中成绩优异,被直接保送上了重点大学,成了妹妹的榜样。为了和姐姐在同一所学校念书,妹妹发奋读书,总算达成了自己的心愿。毕业后,两人也都找到了心仪的工作,相继独立。

　　日子一天天过,工作顺利,爱情甜蜜,父母身体一向硬朗。姐妹俩也都成了家,有了自己的住处。逢年过节也都会带着丈夫回家陪老两口,一家人在一起,说说笑笑,其乐融融。母亲接受新事物的速度很快,总是一副依旧青春的样子,女儿一来,就拉着她们讨论哪种护肤品有效,哪家的衣服时尚。

　　妹妹夏天的丈夫是个医生,所以总是提醒两位老人要去定期做体检,毕竟人年纪大了,很多器官功能都会开始衰竭,需要时时地照看好。

　　"妈妈,妹夫说得对,每年做一次全面体检总是没有坏处的。"姐妹俩又一次趁机劝父母去医院好好做一次体检。

　　"没什么可担心的,你们看我就老到那个地步了吗,再说政府每年都组织去参加医院的免费体检。"妈妈坐在沙发上,一边织毛衣一边说,"我跟你爸每次都去参加,身体好着呢,你们就别操心了。"

　　"每次跟您说这个事,您都这么说,免费体检的项目不全面,而且也不知道准不准。"夏天有些不高兴了,姐姐急忙上来打圆场,"既然做了就行了,以后有机会再去做一次彻底的不就行了。"

　　第二年,妹妹怀孕了,一家人高兴极了。为了即将出世的孩子考虑,夏天的丈夫戒了烟,因为如果在怀孕期间吸二手烟,会对胎儿造

第六章 我有能力报答时,你仍然健康

成不好的影响。借着这个机会,夏天回家告诉父亲,希望他也一起戒烟,"如果不戒烟,以后就不能常回家陪你们了。而且以后孩子出生了,外孙闻着烟味肯定也不喜欢外公了。"

老父亲一向最疼女儿,况且这是全家人都支持的好事情,只好同意和女婿一起戒烟了。一开始虽然很难受,可时间长了慢慢就习惯了,戒烟后身体也觉得好了很多。不久家里就添了一个可爱的小成员,全家人都眉开眼笑。母亲干脆搬去和夏天一起住,亲自给女儿和外孙做饭洗衣。

母亲每次都给女儿做很多好吃的,自己却很少动筷子。夏珊发现母亲的胃口一天天变差,有些担心,母亲只是说没什么食欲。这让夏珊有些担心,就硬拉着母亲和父亲去医院做了一次全面的检查。父亲身体的各方面指标都很好,或许的确是戒了烟的功劳。可母亲却被诊断出患了胃癌。

拿到检查报告,一家人沉默不语,坐在沙发上不知如何是好。夏珊想要瞒着母亲,可那么了解女儿的母亲从他们说话的表情上就能猜到发生了什么事。姐妹俩很难过,母亲总说每年都参加检查,这么大的病却没有查出来。经过这一次她们才发现,记忆中那个美丽时尚的母亲真的已经老了,不再那么活力四射,也不再像从前那样爱打扮。

医生看过检查报告后说,胃癌还在初期,幸亏发现得早,及时做手术,有很大机会能够康复。于是母亲住进了医院,做了切除肿瘤的手术。手术很成功,没多久母亲就出院回家休养了。经过这次突然的变故,姐妹俩才意识到父母真的老了,她们应该好好地尽到为人子女的义务。

肿瘤切除后最怕的就是复发,所以夏珊决定不管母亲是不是愿意,也要定期带她去医院做全面的身体检查。平时注意饮食和锻炼,生活有规律,才能有痊愈的那一天。母亲一开始不是很愿意去医院,可被

你赢,我陪你君临天下　你输,我陪你东山再起

两个女儿说得多了,也就慢慢改变了想法,人还是要经常了解自己的身体状况。夏珊和夏天轮流陪父母去医院做检查,母亲总是笑着说,她们不用那么紧张,医院她自己去就可以。女儿们总是笑着对视一眼,父母守候在她们身边一辈子,现在是她们守候父母的时候了,只怕此时再不抓紧,时光短暂,子欲孝而亲不在。

孩子生病了,哭闹不停,搅得那两个初为人父母的年轻人焦头烂额,手脚忙乱,巴不得要代替心肝遭受磨难。那种流血般汩汩冒出的大无畏的担当,是以后自己做了爸妈才能体验的勇敢。

等到子女们一个个长大了,爸妈渐渐衰老了,开始遭受或者已经遭受一个又一个困境的侵袭,他们却努力保持沉默,他们依然心疼自己的子女,害怕子女为此分心。而我们就在这懵懂中继续忽略父母。

可是,你会突然在晨起的时候看到父母佝偻着腰咳嗽不止,看到低头洗碗的父母直身不住地捶腰,看到拎着菜篮子的父母气喘吁吁、脸色发暗……直到这一天,你终于确定"年老多病"不只在词典里静静地躺卧着。

请关注父母身体的变化,定期带父母去医院做全身检查,那也许是一个救命的信号。

其实,陪父母去体检,就是表达对父母关心的最好方式。定期带父母去医院做全身检查,在做检查时子女一定要陪在老人身边,了解检查的项目,了解负责检查的主治医生。在检查结果出来后,要和父母一起分析、讨论,及时咨询医生是否需要治疗和改变不健康的生活习惯。

第六章 我有能力报答时,你仍然健康

回头,绝不是一个简单的姿势

清晨树叶上的露珠是那么的饱满晶莹,在阳光下格外美丽,那是因为经过了一夜的酝酿。这就如同我们,想要聪明茁壮地成长,一定离不开父母辛劳无私的付出。所以,我们应该回报父母,让孝心体现在小事中。

刚结婚的时候,绣怡被幸福和激情包裹得严严实实,没有时间和空间去容纳除了老公之外的任何人,包括最疼爱自己的父母。

这样的缠绵一直持续了三年。

等到儿子降生后,绣怡又被新的幸福和满足包裹得严严实实,没有时间和空间去容纳任何一个除了孩子之外的人,包括最疼爱自己的父母和老公。

这样的专注一直持续了十二年。

儿子一天天长大,转眼就是住宿在校的中学生,每周末才回家一次。老公也从当初的风趣豪迈变为木讷沉闷,难得有兴致为简单平淡的岁月添一抹色彩。伴随着四目相对的沉寂,绣怡陡然间发现所有的时间和空间都黯然无声,那么令人沮丧。

她开始恍惚。

她记起了有一个地方叫"娘家",有两个被冷落的人叫"父母"。而这两个从未责怪过她的人总是在电话里说着不变的话:"我们很好,你自己要照顾好自己!"

她渴望马上回去看看,找回一点久违的温暖。

带着些许伤感和愧疚,还有很多记忆中爸妈爱吃的食物,绣怡走进了陪伴自己二十几年但在过去十五年疏于关注的老屋。

　　父母还算健康，只是两鬓已经沾染点点秋霜，步履也略显蹒跚。

　　"咦，你怎么回来了？"母亲很诧异，"这么远的路！"

　　"想你们了！"绣怡的嗓子哽咽着，慌忙用手假意揩了一下额头，"外面好热，我去洗一个脸，满头都是汗！"

　　顺着哗啦啦的水，绣怡冲走了不争气的泪。

　　"发生什么事了？"母亲跟了进来，"和钧烨吵架了？你的脸色好难看。"

　　"没有啦。"绣怡一仰头，头发尖的水珠溅得四处都是，"我就是想你们了。"

　　"哦。"母亲不再追问，拼命给身后的父亲丢眼色。

　　"没吵架就好。"父亲说话总是慢条斯理，"小颇还好吧！这孩子上周来电话问候我们，听说要去参加一个足球比赛，你要记得叮嘱他多当心。对了，钧烨也快四十了吧，很辛苦的年龄，你要给他炖一点补品调理。还有你，该学一学如何保养皮肤了。你妈帮你找了几个美容偏方，正准备打电话告诉你呢。"

　　"知道了。"绣怡使劲点头。

　　"今天不是周日吗？你们不送小颇去学校？"母亲还是有点不放心，"他一下子离开父母去住宿，还习惯吗？"

　　"习惯，哪里会不习惯。"绣怡的平静被打破，一股愤懑涌上来，"钧烨加班，我刚一个人送小颇去学校。还没有到宿舍楼，他在路边遇到一个熟悉的小女生，丢下一声'拜拜'就跟着跑开了。唉，养孩子真是没有意思，说走就走了，才不管父母在想什么呢！"

　　"你伤心了？"母亲牢牢地盯着女儿，眼底有奇异的光。

　　"能不伤心吗？"

　　"你不是也这样吗？"母亲的声音空洞起来，"离开的时候，永不

第六章 我有能力报答时,你仍然健康

回头。"

"我?"

"那一天,记得是去年夏天吧,你也是突然回来看我们,待了十五分钟。我送你出大门,"母亲咬了咬嘴唇,似乎在拼命输送表达的勇气,"我送你到了桥头,你就一直往前走,往前走。我站在那里等着,等着你回头看我一眼。可是,直到你走得让我看不见了,你还是没有回头一次!我在那里很伤心,不住地想,想到你小时候上学,总是不肯和妈妈分开,不管你走了多远,都要不断地回头寻找我的影踪。可是你长大了,也不再需要父母了,你的回头也结束了。我一路想一路哭,回家许久都起不了床……"

"妈……那天是公司突然有急事,我才那么慌张的。"绣怡惊呆了,泪如溃堤的江河漫天铺地,"可你为什么不早点告诉我?为什么要闷在心里那么久?"

"你爸说了,这都是自然法则。儿女就是离群鸟,永远都是硬了翅膀就往外飞,就像我们当初离开自己的父母和家一样。等鸟儿们累了倦了老了,它们才会再飞回来,想着要让还活着的老父母开心快乐。所以呢,我不再伤心,只盼着你下一次离开时可以回头。"

"对不起,"绣怡扑到了母亲的怀里,"我不会等自己累了倦了老了才想着让你们开心快乐,请相信我!"

虽然说父母是最包容、最体谅子女的人,但并不代表他们什么都不在意。

因为,爱,是不可以量化的。

很多人在和父母相处的时候,以为自己言语礼貌、举止周到、钱粮到位,似乎无可诉病。但事实不是如此,在父母日渐老去的时光里,你的每一个不经意的动作,都可能成为他们悄悄度量自己在你心中分

量的小砝码。稍有欠缺，就会让他们黯然神伤。

比如，在和父母分离的时候，别留下那满是豪迈气息的英雄背影，或义无反顾的大踏步！稍微地转头挥挥手，那样的四目对望中，表露出来的就是信任，就是关爱。或者，在转角处再回个头，点点头，那样的牵挂更是直入心扉。

爱父母，就要想着他们在你离别时那一瞬间的落寞。回头，绝不是一个简单的姿势，更代表着你不变的心和依恋。

你给我买礼物时，我笑了；我给你买礼物时，你哭了

古人云：亲爱之心生于孩幼。

这句话讲的是父子有亲就是爱的原点，亲爱之心在孩幼时代就养成了。亲爱是没有人来强迫的，不是造作出来的，是自然而然的。所以爱心是天性，我们称为性德，如果能够保持，那么当孩子慢慢长大以后，就能够把爱心扩展，对一切人都能仁爱。

圣人教化百姓，懂得循着人的天性来教化。天性是什么？父子有亲是天性，把父母跟儿女这种亲爱能够保持一生，而且能够发扬光大，对一切人都是这种亲爱，这个人就是圣人。圣人教人要爱、要敬，爱敬存心。爱心从哪里生长？从幼儿时代就开始生长，这是人的本心。

人的本心是什么？就是本性本善。爱敬是性德，本性本善，顺着这种性德来行爱敬之道，就十分容易。孝心亦是如此。如果我们循着本心来理解并谅解父母，就会发现，我们和父母之间原本就是和谐顺意的。如果我们不能体谅父母对我们的爱，那么我们的双眼就会被蒙蔽，

第六章 我有能力报答时,你仍然健康

对于父母的无私付出,也置若罔闻了。

那天,女孩跟妈妈又吵架了,一气之下,她摔门而去。她一个人在大街上走了很长时间,天色渐渐暗下来,昏黄的街灯稀稀落落地亮了,她感到又冷又饿。她想回家,可一想到和妈妈争吵的情景,她就再也不想回去了。她觉得妈妈不爱她,也不理解她。她不喜欢妈妈总是到学校给她送吃的、送穿的,她更不喜欢妈妈冷着一张脸打量送她回来的男孩子,而且还冷言冷语。她甚至认为,这世上再也没有比妈妈更糟糕的母亲了。想到这些,那个家更让她烦恼了。

走着走着,她看到前面有个馄饨摊,便迫不及待地跑上前去,说:"阿婆,给我一碗馄饨。"老阿婆笑眯眯地给她盛了一碗馄饨。

"哦,不好意思。阿婆,我,我不要了。"女孩的手从衣兜里拿出来。因为出来的急,她一分钱都没带。

老阿婆看出了她的为难。和蔼地笑着说:"来来来,孩子,我也要收摊了,这碗馄饨我请你吃。"老阿婆说着便端来一碗馄饨,还有一碟小菜。她满怀感激,刚吃了几口,眼泪就掉下来了,纷纷落在碗里。

"孩子,你这是怎么了?"老阿婆关切地问。

"阿婆,您真好。"她一边擦着眼泪一边说:"我们不认识,您却对我这样好,而我的妈妈却因为我跟她拌了几句嘴就把我赶出来了,还说以后不让我回去了!"

老阿婆听了,叹了口气,她坐在女孩身边,也开始抹起了眼泪。女孩看到这情景,手足无措地问:"阿婆,您这是怎么了?是不是因为我?""孩子,你怎么会这么想呢?你想想看,我只不过给你煮了一碗馄饨,你就这么感激我,那你妈妈给你煮了十多年的饭,你怎么会不感激呢?你怎么还跟她吵架呢?你觉得我好,可我的女儿不这么认为。女儿也是因为跟我吵架,我一时生气,让她走,结果她走了再也没回

来。做女儿的怎么就不懂父母的心呢？有哪个父母真能狠下心来不要自己的孩子啊！女儿从小爱吃我做的馄饨，我便每天在大街小巷上卖馄饨，就是希望有一天女儿能闻到我煮的馄饨味，跟我回家。孩子，天下间的父母做什么都是为了自己的孩子好，可能有时候他们的行为有些过激，但也是因为爱子心切啊！"

女孩听到阿婆说的这些话，愣住了。她匆匆吃完了馄饨，开始往家走。当她走到家附近时，一眼就看到了疲惫不堪的母亲正在路口四处张望。母亲看到她时，脸上立刻露出了喜色："赶快回家吧，饭早就做好了，你再不回来，饭都要凉了！"听到母亲的呼唤，女孩再也忍不住了，一下子扑到母亲怀里，声泪俱下道："妈妈，是我错了，你原谅我吧。"

在生活中，我们时常做着和女孩相同的事情。很多时候，我们对别人给予的小恩小惠"感激不尽，铭记在心"，却对亲人一辈子的恩情"视而不见"。是的，母亲给我们煮了十几年、几十年的饭，给我们洗了十几年、几十年的衣服，小时候不知为我们跑了多少次医院，跑了多少次学校。为了我们能健康成长，他们把所有的心血和精力全部放在我们身上。对于这一切的付出，我们总是那样心安理得地接受，而当我们多为父母操一点心时，多为父母付出一点时，我们可能就会抱怨，就会发火。

为什么我们可以和朋友聊天聊上半天，却不能和父母说上一两句话呢？为什么我们可以轻易地原谅自己，却苛刻地对待我们的父母呢？或许，有时候他们的行为确实会给我们带来烦恼，我们为什么不能体谅这烦恼背后的良苦用心呢？

我们总是把父母所做的一切当作天经地义的事情。可我们却总是忽略掉孝敬父母更是天经地义的事。我们总是希望父母能懂我们的心，

第六章 我有能力报答时,你仍然健康

为我们做我们需要的一切,如果他们一时意会错了,我们就会埋怨,说他们不懂我们,不体谅我们。那我们有没有问过自己:"我们体谅他们了吗?我们懂得他们的心吗?"这一辈子,父母曾经为我们做了多少事,用了多少心,我们从不会去计算,去铭记,而我们为他们做一点事情,都会记得清清楚楚:父亲节给父亲买了一个剃须刀,母亲节为母亲买了一件衣服。却忽略了父母在接过这些礼物时,眼角的湿润。犹太人有句谚语说得很好:父亲给儿子东西的时候,儿子笑了。儿子给父亲东西的时候,父亲哭了。

出门前,看看站在门口的父母,看看他们眼里的惦记和满足,对他们说一句放心;回家时,和他们聊聊生活的事情,别嫌弃他们话语烦琐,行事呆板,我们要学着体谅。从现在开始,记得做一个孝顺的子女,这一辈子,欠得最多的、能让你欠的、而且不求回报的也只有父母,不要抱怨他们的不理解,换种方式多多体谅他们。

父母与孩子的年龄差距,注定了两代人之间在处理问题的方式、思考问题的角度上难免会有分歧。在这种情况下,能站在对方的立场上进行换位思考是最明智的做法,也是对父母的一种孝顺。

第四篇

致婚姻——

至少还有你,值得我去珍惜

第七章

如果注定孤独，为什么我们还需要婚姻

世界上不可能有天长地久的掩饰和做作，也不可能有毫无瑕疵的装扮和美化，最终，我们都要在婚姻中得到还原。

最终，我们都要在婚姻中得到还原

减少对一种事情失望的最好办法就是不要过高的去估量它，压低想象才会有更多的空间去适应现实。对于婚姻就是这样。婚姻可能是一个人感情发展到成熟的终结，也可能只是一种人生状态的选择。婚姻未必一定要有海誓山盟的誓言，更多的时候我们就是在寻找一个合适的伴侣，身份、利益、观念、性格等条件的平衡而已，红尘中一对男

第七章 如果注定孤独,为什么我们还需要婚姻

女用这样的方式来互相托付。就好像年纪大了,一个人会面对很多现实的困难,于是,就找个伴结婚了。半夜醒来的时候,身边有一个人的感觉会让一颗心变得踏实。

女作家毕淑敏就曾经写过这样一篇文章,叫《千万个丈夫》。文中说,符合我们条件的,能够被我们接受的爱人其实世间很多很多,只不过机缘巧合,遇到这个就是这个,玄妙一点说这就是缘分,简单一点说就是巧合。换一个人,未必就会生活的不好,为一个人要死要活的,并不见得这个人就是你一定不能错过的最佳伴侣,多半都是因为个人性格的执着和不懂放手的智慧而已。

什么是婚姻的磨合,就是把两个性格不同、家庭出身不同、背景不同的人硬塞到一个屋子里相互适应的过程。两个人走进婚姻,总会发现在性格和生活方式上有所不同,只要不是原则问题,基本的态度就应该是互相迁就,睁一只眼闭一只眼,不要太计较。总是想眼里不揉沙子,或者不肯委屈自己,一味地要求别人,是行不通的。换一种心态,换一种性格的人,看待伴侣的生活习惯和个性,其实可能就没什么。两个人相处,就好像齿轮一样,如果你的短处他能包容,他的缺陷你能体谅,那么就正好咬合在一起,运转良好。如果总是针尖对麦芒,互相指责,谁也不能忍耐谁,那么再好的男人,在你眼里都可能不是完美的。

婚姻就是无所不包的那么一件东西,它容纳笨拙、无能、怪僻,停泊孤单、消极、悲观,我们从这样的港湾中获取力量,然后才能有勇气继续生活。

比如,有一个朋友喜欢高高瘦瘦扮酷的男人,可她的老公却是一个

矮胖的家常派小生，那么如果按照某些人的性格，可能这个朋友就会经常性的遗憾和苦闷了，可是她却觉得，自己喜欢的那样的男人图片上有的是，又何必一定要放到家里欣赏呢，此胖子热情风趣还做得一手好菜，绝对能保证未来有吃有喝又开心，干吗不嫁？

  她把现实和理想分得那么清楚，分别放到了不同的位置上，所以才会幸福得那么单纯。可是太多的人做不到这一点，经常看到有的女人因为丈夫矮了几公分就郁结多年，好像全世界都在鄙视自己和一个矮个子结婚，却不懂得看到这男人身上别人不具备的优点；有的男人因为自己老婆不够漂亮就心里结个疙瘩，尽管老婆贤淑得体也掩盖不了内心的重创。这样的人归根结底是在伴侣的一些不足中连带着否定自己，好像是自己能力不够所以就不能拥有更好的。

  所以，要学着不做一个苛求的人，两个人之间需要忍耐、理解、体谅，互相接受和改变，尊重对方独立的人格和尊严，这样的婚姻才可能长久和平稳。

  对待婚姻，一定要有非常踏实的态度和务实的精神，才能顺利渡过婚姻的转折期和心理波动期，才不会犯那种常人最容易犯的错误，往墙外眺望更美的风景。你要知道，外面的风景之所以美丽，是因为距离，你真到了面前，一样会失望。你能握在手里的就是好的，为了不属于自己的东西辗转反侧，追求不得，实属不明智。

  我们所拥有的婚姻未必是我们最希望得到的，结婚的对象未必是我们最喜欢、最欣赏的，婚姻需要将就现实的压力和个人能力、个性、学识、环境等方面的局限，所以当进入婚姻之前，你就要明白你希望在这段婚姻中和对方这个人身上得到什么，在知道任何人都无法满足我们所有的要求的基础上，要衡量出对于自己来说最重要的东西。

  婚姻会成为一针清醒剂，让曾经我们对生活的天真、幻想一一消

第七章 如果注定孤独,为什么我们还需要婚姻

退,做出一些我们应该承担的,并且能够承担的决定。我们要看到心底那个最真实、最坦白的自己,要尽量清醒地知道自己要与之生活的这个人的全貌,以及未来婚姻的可能走向。世界上不可能有天长地久的掩饰和做作,也不可能有毫无瑕疵的装扮和美化,我们最终都要在婚姻中得到还原。

30年后,你还能和他聊得来吗

假如你在为结婚的事犹豫,那就安静下来,问自己一个问题:

当你年过八九十岁,是否依旧能与对方交谈甚欢?

漫长的婚姻会经历很多事,但那些都是暂时性的,总有一天会消失。但,只有两个人之间的谈话,会占据婚姻中的大部分时间。而且,随着年龄的增长,对话的时间也会增多。

生活在我们面前就像一个巨大的漏斗,年轻的时候,遇到的人多,想说的话也很多,无所顾忌,和任何人都可以谈得津津有味。但是,随着年龄的增大,我们会慢慢地发现,能听你说话、和你说话的人越来越少,有时候这些居然都成了自己一种奢侈的欲望。这个时候,我们就会想,如果我们的另一半是那个可以和自己聊天的人,那该多好。

如果可以和一个爱跟自己聊天的人一起走过一生,该是多么美好的事情,正像一首歌里唱道:"我能想到最浪漫的事,就是和你一起慢慢变老。"如果两个人每天连话都说不上几句,又怎么能一起走到老呢?如果一定要勉强走到老,岂不白活了吗?

你赢,我陪你君临天下 你输,我陪你东山再起

实力派演员王志文,一直等到四十多岁了才结婚。在这之前,有一次他做客《艺术人生》时,当主持人朱军问他为什么到现在还没结婚时,王志文说:"我希望找的是一个能随时随地交流、聆听的人,哪怕是半夜自己把她推醒,她也不会敷衍地说:'讨厌死了,明天再说吧。'而是会立刻赶走睡意,和我聊到天明。"

当当网的女主管,和她的丈夫有个不成文的约定,就是每天晚上临睡前,两个人必须聊天一小时。这一小时里,彼此诉说当天的烦恼与快乐,生活的琐碎与事业的追求。然后两个人相拥而眠,幸福而满足。对于这个约定,女主管理直气壮地说,"如果他连每天陪我聊天一小时都做不到,我嫁他干吗?"

财富和事业只能决定一个人是否优秀,不能决定他是否幸福。无论是谁,真正的幸福都是很平凡、很实在的。在我们的生活中,需要有一个知冷知热,能跟我们的思想和情感产生共鸣,或者至少可以深刻理解我们,跟我们交流、沟通。只有这样,我们才能赶走生活中的孤单和寂寞。

科学显示,一个人,尤其女人,每天要说够一定数量的话,心情才会好,内心才能保持平静。而一个不肯陪妻子聊天的男人,会让妻子整日心生郁闷。然而聊天并不是女人的专利,男人也一样有这样的需求。因为,人是属于社会的,不能总是与孤独相伴,一个正常的男人不说话不代表他不想说,而是没有一个合适的人来倾听。

要结婚,就找一个能跟自己聊天的人,两个人除了能够沟通外,最好还要有共同的兴趣爱好和人生价值观。如果连最起码的沟通都做不到,又没有共同的兴趣爱好,那么结婚后也会因为两人步调的不一致而让彼此苦恼不堪。

试想两个人生活在一起,若没有共同语言,只是搭伙过日子,两个

第七章 如果注定孤独，为什么我们还需要婚姻

人都挺可怜的。每天上班时，还有同事可以谈天说地，解解闷，下班后，回家面对一个没有什么可说的人，真是可怕的情景，长此以往，家又怎能称为家？若是上班时再没有合适的人解闷，那么时间长了，这个人一定会得抑郁症的，或者会丧失部分语言功能。

在电视剧《康熙王朝》中，康熙有后宫佳丽三千，但是他最喜爱的人是容妃。他对容妃说的最多的一句话就是："朕想和你说说话。"不管是国事还是家事，把所有烦恼的事都要向容妃倾诉一番。容妃被废后，这位高高在上的千古大帝就连一个能说话的人也没有了。

再高不可攀的人，对爱人的要求也是十分的简单——能够说说话而已。有人说：结婚就是人生的第二次投胎。我们的出生是自己无法选择的，但是我们可以选择婚姻。如果跟一个你跟他在一起的时候觉得别扭、无法交流的人结婚，岂不是要投错这人生的第二次胎？

在当今社会，婚内分居的人越来越多，两个人与其说是共同拥有一个家庭，不如说是在搭伙过日子，彼此之间很少甚至没有交流，除了吃饭时间，两个人"你有你的书房，我有我的闺房"。他不压缩她的空间，她也绝不干涉他的所有。她看她的电视，他上他的网。两人不争、不抢、不闹，有时甚至像普通朋友那样的交谈也没有，完全像是住在同一个房子里的陌生人。

找一个能跟自己聊天的人结婚，看似简单，其实并不容易。能找到一个愿意随时跟你说话的就更不容易了，因为这意味着他要随时准备停下手中的事情来陪着你。

有人说，不要因为孤独而恋爱结婚。可是，孤独是人类的宿命。如果没有孤独，又怎么会自觉靠近？所以，过来人都会劝年轻人，找一个你爱与之聊天的人结婚，说当我们年龄大了以后，就会发现喜欢聊

天是一个人最大的优点。

找到一位能交流、能聊天的知心爱人是一生的幸福。所谓夫妻本是同林鸟，大难来时各自飞，正是旧时代没有心灵融合的不幸婚姻的真实写照。真正的爱人，是可以为之付出生命的。如果在婚姻的漫长岁月中，两人天天相对无语，没有精神的交流，那将是一件很郁闷的事情。

所以，找个爱和你聊天的人结婚吧。世界太大、太复杂，变化太快，拉住一个时时刻刻、随时随地能与之聊天的人的手，你就拥有了别人都没有的。

嫁给他，就是嫁给一种生活

爱情是两个人之间的事情，但是婚姻是两个家庭的事情。如果说只是相爱，两个人大可以去相爱，不必告知他人，就算一辈子别人都不认可也依然可以去爱着。爱与其他人是没有关系的。而婚姻却大不相同了，如果要结婚，那就意味着，双方的父母成为共同的父母，双方的亲属成为共同的亲属。婚姻的双方不仅在感情上有联系，在财务和社会关系甚至法律关系上也产生了联系。这样，婚姻就不再是两个人的事情了，而是两个家庭之间的事情。

婚姻把两家原本没有血缘关系的成员联系在一起成了亲戚。婚姻的当事双方接受对方的同时，还要各自接受对方的家庭。两个家庭价值观念和生活准则的碰撞，会让两个人应对不暇。如果只有一个人接纳你，而那个人背后的一群人不接受你，你会是什么感觉？嫁人也罢，

第七章 如果注定孤独，为什么我们还需要婚姻

娶妻也罢，嫁和娶是嫁给和娶进一个家族的生活习惯和做人标准。爱情则不然，爱情是两个人的事情，爱情可以超越年龄、家庭、文化等背景，所以王子可以和灰姑娘有爱情，但是不可以有婚姻，一旦有婚姻也不会幸福。爱情可以是花前月下，婚姻只能是大庭广众。

林燕妃是一个爱打扮的女人，婚后也一样。但老公可不这样看，他认为一个女人结了婚穿衣打扮就要有一个婚后女人的样子。每次买衣服回来，他从来没有说过一声好，不是说她买的衣服太幼稚就是俗气。说她穿衣方面花去的时间比在厨房多，还和他母亲一个鼻孔出气。

因为林燕妃夫妻和她老公的父母住在一起，可想而知，婆媳关系太难处了。每天面对着几张脸，还得应对老公那些随时上门来的"狐朋狗友"，实在是太累。现在，老公的母亲对林燕妃极不满意，嫌她没有女人的样子，不会照顾她儿子。可是，他们的一些做法林燕妃也看不惯。真不知道这种生活再这样过下去还有什么意义。林燕妃回到家一点都不放松。总觉得老公挣得不多，自己挣得也不多，两个人养活好几口人，从前的恩爱变成了为家里一些鸡毛蒜皮的事动不动打口水仗。

林燕妃觉得，她的几个朋友活得那才叫滋润呢，有房有车家里还雇着保姆，她们不是在家玩牌就是逛街、健身、美容，生活没有压力，买东西眼睛都不带眨一下的，很惬意。再看自己的生活，为了生活过得好一点得拼命工作，还许多事由不得自己做主。她常常后悔，抱怨这样的生活什么时候是个头。

林燕妃的生活就是大多数人最真实也最普通的生活。问题是林燕妃现在只看到生活的另一面，比如失去自由，还得照顾公婆，觉得婚后压力变大了等。

不可否认会有这种情况出现：即使你感觉自己付出了全部心血与努

力，但总是无法被他的亲人所认可和接受。这时候，千万不要灰心丧气或者干脆放弃，甚至和他的家人对着干。这些都只能使你的婚姻状况越来越糟，伤害的是夫妻之间的感情，而对解决问题却毫无益处。

其实，不如换个思维，即使做不到爱屋及乌，至少可以装成礼貌相待，客客气气。

首先，要对即将到来或者正在进行的婚姻，有一个能够应对矛盾的心理承受能力。在结婚之前，两个人就应该对双方家庭有基本的了解，在充分了解之后再做出自己是否接受的决定。如果你接受了，以后就不要一味地抱怨，而要为自己的选择负责。

其次，千万不要把对方父母的财产理所应当地视为己有，而做出很多不恰当的行为。很多父母在孩子婚后，仍然在经济和生活上给孩子以支持和帮助，那是他们的舐犊情深，而非天经地义，做晚辈的应对此表示感激。

一个误区是：很多人期望值过高，大部分人在结婚时都会想：我要把他的父母当成自己的父母，而双方的父母通常也会这样：把他当作自己的儿子或女儿吧。怀着这样美好的愿望，但最后的结果为什么常常适得其反呢？每个人都觉得自己受了委屈，自己付出了热心却受到了冷遇。

原本互不相干的人想一下子变成亲人，那是不可能的，双方的生活习惯、经历、思考问题的方式、语言习惯等都极为不同。而且，当你将对方的父母当作自己的父母一样看待时，你也就希望他们对你也如自己父母一样，但事实上，对方稍有不周，你就会心理失衡。

所以，期望值过高反而会伤到自己。只要换个角度和心情，日子就会过得有趣而有意义。每个人在社会中承担的义务和角色太多，想要做好每一个角色，就要把心态调整到最好的状态。那些家里看似烦人的事，其实是维系家庭关系的良药。

第七章 如果注定孤独，为什么我们还需要婚姻

很多所爱之物，都是从陌生开始的

听第一遍音乐的时候，不要因为陌生而厌恶。应当怀着忍耐，努力听到最后。重复几遍后，便会有亲近感，发现其深处的魅力，继而爱上它。

不只是音乐，我们很多所爱之物，都是从陌生开始的。工作也好，爱人自然也不例外。

有些人总想碰见个完美的爱人，一见倾心，万事妥帖，恩爱白头。而事实往往是，一见钟情，再而烦，三而厌。反而是那些日久生情的配偶，比较经得起时间的考验。

不要迷信一见钟情。第一眼看到对方，就爱上了对方，但是这种美丽的遇见，由于没有经过相互了解，所以也很不稳固。事实证明，闪电般恋爱、草率结婚常常导致婚姻的悲剧。

这世上除了令人惊羡的帅哥美女，还有许多耐看型的男人和女人。只要外表尚且过得去，那就多给对方一些时间，多进行接触和了解，见过几次面之后，再做决定不迟。或许在你与一个人初次见面时，他的相貌平平丝毫不能引起你的兴趣。但是这并不排除经过长时间的相处和了解，你会对他产生情愫的可能。

在电影《一吻巴黎》中，年轻漂亮的娜塔莉与弗朗索瓦一见倾心，两人结婚7年依然处于热恋的状态。然而不幸的是，弗朗索瓦意外丧命于车祸，这让娜塔莉顿时由天堂堕入地狱，从此，每天都如行尸走肉一般，用拼命地工作麻痹着自己。后来公司来了一位瑞士同事马库斯，两人性格水火不容，日常工作中也是摩擦不断，但也正是互相之间的

碰撞，让他们逐渐对彼此产生了爱的情愫，这段美好的爱情也唤醒了娜塔莉生活的欲望和感受爱的能力。

看过《潜伏》的朋友们都知道，剧中人物余则成是一位地下工作者，在日本投降后潜伏在国民党军统局中，为了工作需要，组织上派来假夫人翠平，但两人在长期相处中"弄假成真"成了真正的夫妻。虽然最后的结局是两人各奔东西，但两人之间的感情却是不能被抹杀的。

与"一见钟情"相对的是"日久生情"，日久生情的两个人，或许在一开始的时候并没有对对方产生脸红心跳的感觉，只是在一起的时间长了自然就产生了感情，这个时候双方对彼此都有了比较深入的了解，被对方的优点或者魅力所吸引，同时也能容忍对方的那些小小的缺点和不足，这样的感情相对来说也是比较长久的。

在古代，男女双方结婚前连对方的面都没见过，但也传出了不少轰轰烈烈的爱情故事。反观先恋爱后结婚的现代社会，离婚率却越来越高，"闪婚族"也往往会沦落为"闪离族"。如果我们把爱情比作美食，"一见钟情"的爱情就像一份快餐，只能让人满足一时的口欲，保持一时的新鲜感，当人们意识到它无法提供自身所需要的营养时，自然会选择放弃；而"日久生情"的爱情就像是一份老火靓汤，经过长时间的细火慢炖，不仅营养丰富，而且味道回味无穷。

小文是一个很普通的女孩，没有出众的相貌，没有非凡的才华，家世也很一般，但她却拥有一个非常帅气的男友。

起初是小文先暗恋这个男孩的，基于女孩原本的羞涩，她并没有向男孩表白。时间长了，这个男孩感觉女孩一直在关心着自己，直到有一天这个男孩感觉到，没有了这个女孩的关心生活好像没有了意义。

第七章 如果注定孤独,为什么我们还需要婚姻

自从跟女孩相处后男孩像换了一个人,交际广了,朋友多了,灰暗的生活有了阳光。

后来男孩娶了小文,虽然她不算漂亮,但是她带给男孩真实的生活。当小文问男孩:"你为什么不选择比我更漂亮的女孩呢?"男孩回答道:"漂亮的外表是经不起时间的摧残的,假如你老了,我不喜欢你了怎么办呀,我要的是现实中的现实,不是虚无的东西。"

结婚后,事实跟男孩的预料是一样的。生活中的小文是一个非常懂得经营爱情的人,她用自己的聪明和智慧把两个人的感情经营得很好,当然生活中也有一些不开心的事情,但是小文总会用一些好的方法巧妙地处理,不仅不会伤害对方,而且给生活增添了不少乐趣。小文是聪明的、有智慧的,当然不是耍小聪明而是用心去做,理解对方,懂得为对方考虑。这让她的先生很是感动。

对于外表不要用自己太多的有色眼光去看,自己是要找一个伴侣,找一个在自己伤心时安慰自己、在自己失意时鼓励自己、在自己有成就时比自己还高兴的人一起生活的,如果只寻求那些美女或者帅哥,在以后的生活中他们不一定会分担你的喜怒哀乐。

人们常说:"和一个爱你的人在一起生活会比和一个你爱的人一起生活,更容易获得幸福。"如果两个人在结婚前并没有那么深刻的感情,那也没有关系,我们可以通过婚后生活的一些小细节,让彼此的感情升温。

感情中双方要学会"求同存异",两个人生活在一起,脾气性格、生活习惯和爱好不可能完全相同,非要把自己的标准强加给对方,只会引起对方的反感和不满。"大事求同,小事存异"才是明智之举。同时,对于一些鸡毛蒜皮的小事不要斤斤计较。

瞬间的激情,碰撞出闪电般的火光;霎时的两情相悦,演绎成海誓

山盟。但这一切，并不足以照亮通往婚姻殿堂的康庄大道，那么多跋涉在爱情征途上的男女，在美丽的爱情之花绽放时，仍然选择持久地去了解、认识、考验对方，慢慢培养出来的感情才能抵挡住漫漫人生路上风雨的侵袭。

把他当作朋友来对待

良好的朋友关系是幸福婚姻的基石。因为，婚姻生活虽然是男女之间的关系，但是其基础仍然是培养友谊的才能。

法国作家莫洛亚在《论婚姻》中说过："在真正幸福的婚姻中，友谊必须与爱情融合在一起。"

赵雅芝说她维持爱情的秘诀就是：将老公当朋友。朋友之间，无话不谈，但是还是有彼此的空间。

的确，现实生活中的很多夫妻常常感到孤独、不安全、不亲密。这种消极情绪使得很多人对婚姻渐渐失望，最后只好将婚姻设定在一个"维持"的低水平上。其实，这早已违背了结婚的初衷：陌生男女因为相爱走到了一起，而结婚是为了更好地相爱。

朋友应该是支持你的人，是和你站在一起的人，是可以和你敞开心扉谈论问题、令你有安全感的人。将朋友发展成爱人，那是爱情的胜利；而如果将爱人再培养成为亲密的朋友，那就是爱情的最高境界了。

周州的妻子秋叶是一家销售公司的经理。一天晚上，秋叶下班回家，一脸的疲惫与沉闷。周州凭经验感觉到，这是妻子山雨欲来风满

第七章 如果注定孤独,为什么我们还需要婚姻

楼的前兆,赶忙为妻子冲了一杯她最喜欢的红茶,拥着疲惫的妻子像老朋友一样聊起天来,结果没一会儿的工夫他便了解到:妻子精心培养的几位员工,另找了一份报酬丰厚的工作,并向她交了辞呈。秋叶对此十分恼火。

周州了解妻子的苦衷和烦恼后,没有采取责备和攻击的做法,而是以一个朋友的那样非常理解和同情的口吻说:"你为培养公关小姐倾注了极大的心血,正当用人之际,她们背叛了你,谁都会感到气。但是,试想一下,如果你面对一份条件优越的工作,你不会为此跃跃欲试吗?"

妻子冷静地思考了下,终于顺利地走出思维的死胡同。第二天,她以加薪和增加福利待遇为条件,留下了那几位员工。

在漫长的婚姻生活中,事业上的挫折和失败,家庭生活中的种种矛盾,人际关系相处中的误会等,都容易给人造成极大的心理负担。如果想要做一个朋友式的伴侣,在对方失意的时候就要及时给予对方充分的安慰和鼓励,为他寻找其中的原因,并为其献计献策,使其尽快走出低谷。

心理学专家约翰·葛特蒙博说:"夫妻之间的激情有如电光火石,肯定会渐渐消失的。但是那些善于维系彼此之间良好友谊的夫妻,就会一如既往的激情满怀。他们成了最好的朋友,互相理解、互相帮助。这就是婚姻的真谛,只有成为好朋友,才能真正做到包容和谅解。"

月柔和丈夫婚后,两人曾过着非常幸福的生活,然而时间一长,分歧也越来越多。两人的婚姻生活危机四伏,经常为了一些鸡毛蒜皮的小事吵架。

去年十一长假,丈夫的单位组织出国旅游,月柔认为这次是改善两

人关系的最佳机会，于是央求丈夫带自己一同前去。可是丈夫却极力反对，他想长假在家好好的休息，没经过月柔同意就拒绝了领导的邀请，丈夫的武断让月柔反感不已，一怒之下，竟然要跟丈夫离婚。

丈夫心里很委屈，他觉得自己这么努力的赚钱，就是为了能够给月柔更好的生活，好不容易遇到一个长假想好好休息，可是她却不理解自己。丈夫提议两人先冷静一段时间，和月柔约定冷静期间，彼此要像朋友一样尊重对方，不随便干涉对方的生活。

两人像朋友一样生活了两个月左右，这段时间两人变得客气了不少，月柔也不再对丈夫乱发脾气。而且她越来越理解丈夫的工作，不再苛求丈夫为自己做更多的事情，有时候还会悄悄地泡一杯热茶给丈夫端到书房，夫妻俩紧张的关系在潜移默化中慢慢地得到改善。

很多夫妻之间缺少必要的尊重和理解。很多人认为两个人相处久了，就有权利要求别人对自己无偿的付出，总希望从对方身上获得些什么。当这种生活经过时间的酝酿和发酵，慢慢地变味之后，才发现婚姻危机四伏，一碰就碎。

那些觉得彼此是夫妻，理所应当的要求和伤害对方的人，直到后来才发现，这样的相处方式换来的不是幸福。试着让婚姻退化到朋友关系，给彼此足够的尊重和空间，婚姻反倒能够长治久安。

把爱人当作朋友来对待，就能够更加包容和体贴对方，不会随意干涉对方的生活，不会单方面不容置疑地强求对方去改变，更不会随意地用语言来攻击对方，在发生意见分歧时，就会以相互商量的方式解决，注意听取对方的意见。朋友关系能够让两人更加和平的相处，当一方给另一方提供帮助之后，接收方不会觉得是理所应当，而是给予真诚的感谢。以朋友关系相处，能够让夫妻双方感情更加和谐。

于千千万万人群中遇见一个你心爱的人，他曾经让你心跳、让你痛

第七章 如果注定孤独,为什么我们还需要婚姻

哭,让你相信海枯石烂、海誓山盟。最终,那份感情随时光变得有些暗淡,但爱情却并没有褪色消失,它以健康的姿态存活下来,蜕变成亲情。于是,那个叫老公的男人或是那个叫老婆的女人,就成为你生活中最熟悉、最亲近的一个人,就像你一个最谈得来的好朋友——这样的夫妻是高品位的夫妻,这也是男女间的最高境界。

像经营事业一样去经营家庭

我承诺:我将毫无保留地爱你、以你为荣、尊敬你,尽我所能供应你的需要,在危难中保护你,在忧伤中安慰你,与你在身心上共同成长,我承诺将对你永远忠实,疼惜你,直到永永远远……

结婚誓词传递的是一个即将走入婚姻的女性对婚姻最初的认识,而当女人真正决心脱掉恋爱那层浪漫的外衣,勇敢地踏上红地毯,过着日复一日柴米油盐般琐碎的生活时,那句"婚姻是坟墓"的经典语句也就开始在脑中回荡。难道婚姻真的是坟墓?很多人爱情走到最甜蜜时就会步入婚姻,可以说婚姻是爱情的圆满收场,是爱情的延续,是双方甜蜜的开始。那么婚姻又怎么会是坟墓呢?如果说是,也只是一些人不善经营婚姻,为逃避别人的斥责而找的借口。

善于经营婚姻的女人,会把婚后琐碎的生活经营得如爱情般甜蜜和谐,甚至有过之而无不及,婚姻对她们而言就像天堂般美好;而那些不懂得经营婚姻的女人总抱怨婚姻是爱情的坟墓,她们眼睁睁看着爱情在婚姻中慢慢地走向平淡,以往的甜蜜都成过眼烟云,然后一个人暗自神伤。

所以"婚姻是坟墓"只是一些人不善经营的借口,要想在婚姻中美满幸福,千万要抛弃婚姻是坟墓的错误想法。

婉宁和男友相识后,经过四年甜蜜的恋爱,步入了婚姻的殿堂。之前,婉宁一直帮父母做生意,婚后在父母的资助下自己做起了生意,后来因为店铺人手不够,婉宁就让老公把公公婆婆接到城市来帮忙了。

为了方便,婉宁给二老在店面附近租了间房子。公公婆婆对婉宁也很好,婉宁想着要一个孩子,跟自己心爱的人组建一个小家庭,一定会充满温馨和快乐。

但当婉宁真的有了宝宝时,她的想法却彻底地转变了。在公婆伺候她坐月子时,一大家人住到了一起,才发现家庭和美的表面下潜藏着很多矛盾,原来公婆一直对这个有钱、有貌、有能力的儿媳不满,他们看不惯这个不做家务活、花钱大手大脚、让自己的儿子干家务活的儿媳。

婉宁和公婆之间开始有了隔阂,于是婉宁开始经常向老公抱怨婆婆对自己苛刻,公公如何表里不一,而公婆也觉得儿子在媳妇面前低声下气让他们颜面尽失。最终夹在中间的老公因难以调和妻子和父母之间的矛盾而变得沉默。渐渐地,夫妻之间也很少沟通,两人的关系也变得很紧张。这种沉默的和谐似乎像是预示暴风雨到来之前的宁静,婉宁不知道他们这种压抑的生活什么时候会崩溃。这样的家庭生活和她穿上婚纱时想象的婚姻大相径庭,现在她甚至怀疑自己这段婚姻的意义,如果没有结婚或许他们之间的爱情还在,难道婚姻真的是爱情的坟墓?

爱情是婚姻的基础,也是维系婚姻的根本。那些如婉宁一样高呼婚姻是坟墓的女人,内心深处已经曲解了婚姻最初的宗旨。因此她们抱

第七章　如果注定孤独,为什么我们还需要婚姻

怨操劳的生活把她们变成了"黄脸婆",抱怨婆婆的古板和不近人情,抱怨丈夫不能给自己更优越的生活,等等。

我们应该认识到爱情是婚姻的基础,双方因为爱情结合,但婚姻又远远超过爱情,因为婚姻意味着双方都要理智面对很多现实的问题。婚姻不似爱情那么简单,但是婚姻中也蕴含着信任,蕴含着牵挂,蕴含着温情。婚姻本来就是建立在彼此相爱的基础之上,我们只要在婚姻中扮演好妻子的角色,其实婚姻也并没有想象中那么可怕,我们依旧可以感受到恋爱中的甜蜜与激情。

婚姻虽不是坟墓,但要想让婚姻成为天堂,我们也需要付出努力。某些姐妹们就一天到晚只知道辛苦工作,还以为这就是在给自己定位,这种做法是不可取的。你也知道,在公司里获得成功,并得到大家认可的成功人士,并不是那些"在大家看不见的地方默默工作"的人。

为了提高成绩,就需要一些必需的能力,比如描绘蓝图的规划能力;提高业绩的宣传和经营能力;洞察全局、笼络人心,最终获得他人帮助的政治能力;等等。

那些懂得经营婚姻,并得到家人尊重的女人,往往都知道运用上面这些能力。

前年结婚的林乙优,是在家庭内部搞政治的高手。自结婚以来,她从来没有怠慢过小姑子的生日——去年送了名牌钱包,今年又送了高档护肤品。别人都问她,你对小姑子的生日那么用心干什么?她回答说,那都是为了生活更和谐而进行的投资。原来,林乙优结婚后很快就发现:婆婆是个优柔寡断、耳根子软的人,小姑子却是一个性格强势、吹毛求疵的人。林乙优费尽心思讨好小姑子后,林乙优和婆家的关系果然和她预想的一样和谐。在大部分家庭里,若稍有疏忽,小姑子和嫂子之间的关系,很有可能比婆媳大战还令人头痛。但是,在林

你赢,我陪你君临天下　你输,我陪你东山再起

乙优家里,婆婆要是对媳妇稍显不满,小姑子就立刻站出来帮林乙优打圆场。

林乙优也在公司上班,他们家的生活费使用老公的工资支付,她自己的工资却都存起来。虽然一家人的钱怎么花都一样,但是,她说,自己存折里的大笔存款都是准备买房子的。每当她老公听到她描绘将来的美好前景时,都会说"用你辛苦赚来的钱"之类的。

林乙优的做法虽然不是很完美,但是,她给家人留下了顾家的印象。平常她都在外面下馆子,周末还会睡个大懒觉。但是,至少周末的午饭,她还是会好好准备一番的,而且准备的饭菜都是老公喜欢吃的,尽管这些午饭都是用从外面买来的半成品材料做的。她老公也知道,在这顿午饭中只有米饭才是林乙优彻头彻尾亲自做的,但是,这满桌好吃的饭菜至少看着舒服呀。她老公吃得津津有味,还说"还是家里的饭好吃"。

有人问她,平时工作那么忙,什么时候打扫家里卫生呢?

她回答说:"我不怎么打扫,每天擦来擦去也看不出来什么名堂。即使偶尔打扫,也要挑老公能看到的时候做。我不做白干的事。"

林乙优就是这样把自己成功包装成"在外面工作给家庭收入做贡献,又尽全力做好家务活"的媳妇。

那些在婚姻生活中没有利用好政治手段的女人们,只能忍气吞声,包办家里的各种脏活、累活。但是,老公和家人未必知道她的辛苦。为什么一定要过这种大家都不满意的人生呢?

女人为了婚姻和谐而牺牲自我,这个说法其实也不太对。就像在公司里,公司员工在工作时也并不是在牺牲自己一样。在公司只要忠于自己的职责,拿走相应的酬劳就可以了。

还会有人反问,为什么非要弄出来婚姻这个第二职场?在公司里老

第七章 如果注定孤独,为什么我们还需要婚姻

老实实地努力工作不就行了吗?

其实,家庭这个组织是"爱情"的动机和目的。所以,相比其他组织来说,家庭显得宽容得多。在家庭中,只要你具备最小限度的"员工意识",你就能得到职场中无法比拟的回报。

我们应该理智地认识到自己对丈夫的爱情,拿出心中的真诚,来换取对方的真诚。在生活中互相多一些理解与信任,多一些欣赏与吸引,这样的婚姻不但不会成为坟墓,或许还可以成为天堂。

在平淡的生活里用心去体会丈夫的深情,体会家的温暖,那么你依旧可以在操劳的生活里感受家的温馨,在难以处理的婆媳关系中发现乐趣,在平凡的婚姻中找到天堂的美好。只要有爱,婚姻就不是坟墓;只要用真诚与理解打造婚姻,婚姻就可以是爱情的天堂;只要夫妻两人在婚姻的殿堂里牵手走过这一路艰辛,踏过这一路荆棘,相信就可以创造属于婚姻的天堂。

第八章

我会放你一马，你需给我一生

太注重爱情的细节，就注定婚姻的郁郁而终。别太对男人较真，放他一马，他给你的就是一生；别太和婚姻较真，对婚姻多一份社会责任就好。

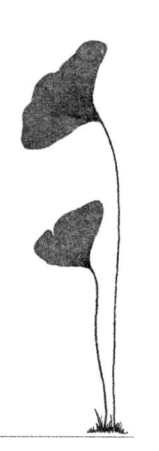

爱一个人，就不要试图改造他

江山易改，本性难移。不要试图去改变你的爱人，即便你的话是真理，并极具震撼力，也仅能在思想层面带给别人瞬间的触动，很难带来实质性的改变。爱情真正的意义并不是帮助、控制和改造别人，而是能够发掘、欣赏和接纳真实的对方。

第八章 我会放你一马,你需给我一生

亨利·杰姆斯说过:"跟人们交往应当学习的第一件事,就是不可干涉他人寻求快乐的特殊方法……"

英国政治家狄斯瑞利35岁之后才结婚,他所选择的有钱寡妇玛丽安既不年轻,也不美貌,更不聪敏。她说话时常发生文字或历史错误,令人发笑。例如,她永远不知道希腊人和罗马人哪一个在先,她对服装的趣味古怪,她对房屋装饰的趣味奇异,但她在婚姻中是一个天才,懂得艺术得来处置男人。

她从不跟丈夫的意见对峙、相反。每当整个下午,狄斯瑞利跟那些敏锐反应的贵夫人们对答谈话,而后精疲力竭地回到家里时,她总立刻让他能安静休息。这个愉快日增的家庭里,在他太太相敬如宾的柔情中,他得到了安闲休养心神的港湾。

与他的年长夫人在家所过的时间,是他一生最快乐的时间。她是他的伴侣,他的亲信,他的顾问。每天晚上他由众议院匆匆回来,告诉她日间的新闻。而且,重要的是,凡是他努力去做的事,她从不认为他会失败。

狄斯瑞利对待自己的夫人也一样,无论她在公众场所显示出如何意识,或没有思想,他永不批评她,他从未说出一句责备的话。而且,如果有人敢讥笑她,他即刻起来猛烈、忠诚地护卫她。玛丽安不是完美的,可是在狄斯瑞利的包容下,她始终保持原本的自己。

狄斯瑞利说:"结婚30年,她从来没有使我厌倦过。"

他们两人之间,有一句常说的笑话。狄斯瑞利说:"你知道,我和你结婚只是为了你的钱吗?"玛丽安总笑着说:"是,如果你再一次向我求婚时,那必然是因为你爱我,对不对?"

每个人都是独特的、与众不同的,理想的婚姻必是让人感到轻松和

愉快，帮他活出自己，按照本来面目活出自己的潜能，成为天底下独一无二的自己。我们能做的，只有浇水与施肥，而不是强行按自己的意愿剪枝。正如我们欣赏一朵花、一座高山或黄昏的夕阳，没有人试图改变它，我们喜欢的，正是它们那原原本本自然的样子。

不同成长环境、不同思维、不同生活习惯的两个人凑在一起过日子，必然会因为很多细节问题产生矛盾。虽然这些矛盾都是些鸡毛蒜皮的小事，可是它们往往最消耗婚姻的耐受力。

尊重彼此的差异，学会理解你的配偶是个独立的个体。在各个层面都存在与你相异之处，你必须尊重这些差异，站在对方的立场来设想、将心比心，问题较易解决。有差异并不可怕，可怕的是你不敢面对差异，选择了逃避的道路。其实，在婚姻中要承认存在着差异，有时差异还恰恰是两性相吸的原动力。

有一位女士的老公，喝酒、吃烟、打牌，样样俱全，不讲卫生、不做家务，毛病不少。他性格粗犷豪爽，不拘细节，很讨别的女人喜欢。而爱整洁又喜欢安静的她，几年来一直在改造老公，没料到，她老公仍然我行我素，顽固不化。后来她的老公竟嫌她啰唆，家庭经常发生矛盾，闹得很不和睦，最后，老公干脆另寻新欢，一走了之。这样的改造有什么意义呢？

爱情好像是一件易碎品，只有精心呵护，才会完美无缺。爱人的缺点就好像是一件工艺品上的斑点，怎么看都不舒服，总想去掉它。过分的改造，就好像要去掉工艺品上的斑点，不留一点痕迹。用心当然是好的，可是你打磨来打磨去，斑点没有打磨掉，还可能把工艺品打碎了。

每个人都不能白璧无瑕，就像太阳上有黑点，可谁会因此就否认它的灿烂光辉呢？心理学家卡尔·罗杰曾这样比喻："当我漫步在海滩观赏落日的余晖时，我不能这样要求，'请将左边染上一点橘黄色。'或者说，'你能在背后少染一点紫色吗？'因为我喜欢那落日时不同的自然景色。我们对待心爱的人不也应该这样吗？"

爱情的内涵之一就是无私与奉献，爱就是让自己所爱的人感到自由和快乐，让他按照他原原本本的样子去生活与发展，而不是扼杀对方的天性。爱一个人，就不要试图改造他。爱情不是征服，也不是顺从。

爱一个人，是因为他身上散发着特有的、吸引自己的魅力，这魅力包括对方全部的优点和缺点。爱他，就要爱他的优点，包容他的缺点，心甘情愿地感染他的气息。也默默地用自己的气息感染自己的爱人，影响他的思想、生活和灵魂，但不要改造！因为爱情是相互欣赏、互相体恤，相濡以沫、共度人生。不要忘记，当初我们的承诺——"我爱你"的这个"你"，正是最初的对方。

别和他的男闺密抢他

女人婚后，往往会因为对家庭的照顾而跟姐妹们慢慢疏远，而男人却不会因为家庭而忽略自己的狐朋狗友，婚后依然跟狐朋狗友一起吃吃喝喝，常常让老婆一个人抓狂，"跟着一大帮老爷们有什么聊的，难道他对我已经不如当初了吗？"老婆总是担心老公跟狐朋狗友学坏，会为了兄弟而少了陪自己的时间。继而成了醋坛子，开始跟狐朋狗友抢老公，不是不许老公出去会朋友，就是他的朋友来家后板着一张脸下逐客令。而这不但不会让老公跟你更亲近，反而会让老公心生反感。

你赢,我陪你君临天下　你输,我陪你东山再起

女人都希望老公的心里只有她,结婚后,就开始跟一大堆假想敌抢老公,跟婆婆抢,跟老公的朋友抢。

早在19世纪的英国,兰姆已经在抱怨,结了婚的老朋友,最后总是找碴跟你绝交。想要维系友谊的唯一方法,就是等他结婚后,获得女主人允许,两人再缔结美好友谊。换句话说,自私的女人根本容不得她的爱人有另外一种感情。这就难免有许多家庭,男人一旦在外面跟好朋友吃了顿饭,回家必然得吃另外一顿闭门羹,并伴随着女主人或嚣张或沉默的告示:有他们没我,有我没他们,你自己选吧。

王素素跟老公结婚一个月就遇到了最让她不舒服的事情。

没结婚前,王素素就看出了男朋友喜欢跟同事朋友出去"鬼混",有时候是打牌,有时候是吃饭喝酒,有时候是一些生意上的往来。当时王素素以女友的身份也参加过几次,她总觉得这种聚会无非就是男人们之间喝酒吹牛,一点意思都没有,因此再也不想去了。

婚前她老公曹阳还信誓旦旦地说,只要结了婚,他就要按时下班回家伺候老婆,不再跟狐朋狗友鬼混。结果,这才过了一个月,碰巧又是曹阳的生日,王素素正在厨房里忙碌着,接到了曹阳的电话。

"今晚我不回来吃饭了。"曹阳一字一顿地说。

"有没有搞错?今天是你生日!我们才结婚一个月……"王素素一边接着电话,一边挥舞着手里的菜刀。

"今天他们给我过生日,明天我再回来让你给我过好不好?"曹阳口气软了下来。

"好,那我就跟你一起去!"王素素心想要当场教育一下这帮怂恿老公不回家的"败类"。

"不行啊!亲爱的,他们说好了都不带家眷的,我怎么好带你呢?"曹阳说明情况。

第八章 我会放你一马，你需给我一生

"那说好，十二点前不回来，我就锁门，你就去你朋友家住吧！"王素素还没等老公道别就不悦地挂了电话。

放下电话，王素素备感委屈地哭了，她没有想到蜜月还没过完，自己就被老公给"抛弃"了，她想不明白，自己在老公的心目中竟比不上那些满嘴只懂得讲成人笑话的狐朋狗友来得重要。

王素素猛然想起，以前老公跟自己讲过这些朋友里面，有人还会背着老婆在外面乱搞，他们会不会把曹阳带坏？为什么不能带家眷？是不是早有预谋？王素素越想越觉得恐怖，后悔自己刚才没问清楚，他们在哪里办生日聚会。

可是，连拨了数遍，曹阳的电话就是打不通，王素素越来越焦急，坐立不安……

凌晨两三点，曹阳才在狐朋狗友的搀扶下醉醺醺地回来，王素素快气死了，骂他吧，他喝醉了什么也听不见，可是就这么算了，她又心不甘。

第二天曹阳一醒来，王素素就让曹阳发誓下不为例。可是没多久，曹阳又找别的借口跟狐朋狗友一起聚会。一个人等待的时候王素素无数次内心发誓，一定要让曹阳在她和狐朋狗友之间做选择，绝不能让他们带坏了曹阳。

两个人婚后的第一场战争因曹阳的狐朋狗友而起，王素素没想到那些狐朋狗友在曹阳的心里如此重要，不管她是冷战、河东狮吼，曹阳都没有要跟狐朋狗友告别的意思。王素素黯然了，难道狐朋狗友对他就这么重要？

王素素遇到的问题是很多女人婚后都要面对的问题。老公经常抛下老婆，跟狐朋狗友三天一小聚，五天一大聚，吃饭喝酒打牌。老公的朋友里有老婆最看不惯、看不起的人，但是无论老婆如何苦口婆心，

• 159 •

发狠锁门……都阻止不了老公想整日与这些人混在一起。

老婆害怕老公跟着这些不三不四的人学坏,老婆担心老公跟这些酒肉朋友在一起变得消极颓废,但是老婆说多了,老公不但不听,还要发脾气——老婆也未免管得太多了。于是,本来关系甚笃的老公和老婆之间,却因朋友这个外人的问题,闹得不可开交。

女人理想的男朋友,最好既没有父母,也没有朋友,更没有前女友,他就像一块新大陆一样,只属于第一个踩上去的女人。但抱歉的是,男人比女人的社会性更加强大,他总有着取之不尽的同学、朋友、同事,让他几乎没空跟你谈恋爱。

女人为男人的朋友跟他闹,无非是因为他总是在外面跟朋友喝酒,陪自己的时间却少了。女人不明白男人为什么要跟那些人喝酒取乐,一群臭男人在一起到底有什么好玩?正如一个男人看不懂一群女人叽叽喳喳喝下午茶的乐趣。这时他们站在各自的星球上,对另一个星球的生物,都有种歇斯底里般的不可理解。

女人总是想把男人的朋友逼走,希望他的心里、身边都只有自己一个人。其实,男人本就是社会动物,朋友、同学、同事牢牢地织就了他的社会关系网,对男人来说,没有朋友寸步难行,而一个没有朋友的人说明他不懂得真心对人,你怎能指望他能真心待你。

所以,一个有朋友的男人更值得女人去爱,一个有朋友的男人更能给女人带来幸福。他能够获得友情,也一定能获得爱情。

想要了解你的男人,最好的方式是走进他的朋友圈子,与他们变成好朋友,你们的关系就会更进一步!成为他们的死党后,你可以了解到更多以前你不明白的男性世界,明白他们的心中所想。他们真的把你当朋友,就会在聊天中透露许多"小道"信息,这些话是他们平时肯定不会与女友分享的秘密。

第八章 我会放你一马，你需给我一生

假如他为你牺牲事业，那他就是个傻子

英国著名哲学家罗素说过："人们普遍认为，一个男人不应该让爱情妨碍他的事业，假如他为爱情牺牲事业，那他就是个傻子。"

成功的事业绝对可以增加男人的性感程度。原因很简单，再矮小丑陋的男人，一旦拥有成功的事业，就顿时自信了起来，这种自信能够从他的发梢一直闪耀到脚底，比任何补药都有效。而事业的这种魔力也正是男人宁愿为了它而放弃女人的另一个原因——只要有了事业，什么样的女人找不到呢？

若是因为事业发展之故被男人放弃，女人或许会黯然神伤，就像《大话西游》中被至尊宝放弃的紫霞仙子。但若是一个男人宁愿放弃事业而成全爱情，那么很可能会迎来不久后的两情相怨。女的怨男的：你为什么这么窝囊？男的则怨女的：还不是为了你？结局很可能还不如凄美的至尊宝和紫霞仙子好。

很多女人埋怨自己的男人花在工作上的时间太长，总是问他"我重要，还是工作重要"的蠢问题。试想，若一个男人整日不工作，没有事业心，只跟你卿卿我我，你是否又会因男人没有出息而指责他。

女人，是感情动物，女人在恋爱中的美丽诠释了专家的结论：女人没有了感情，心便会枯萎。

男人，也需要感情，但是男人心中的事业远远高于爱情：男人没有了事业，心便会死亡。

事业与爱情本身是相辅相成的。一个事业有成的人，背后常常会有至爱的支持，他才有精力和时间全身心地投入他的事业；而当他有所成就时，能与至爱共享其中的快乐，爱情的基础自然也会得到巩固。

你赢,我陪你君临天下　你输,我陪你东山再起

世间最美好的事莫过于事业和爱情的共享。

有人说:一心为事业打拼的人往往没有时间再顾及爱情,一心为爱情牺牲的人往往又没有精力去攀登事业上的高峰。这的确是现实。但问题不是出在事业与爱情本身上,而是你所选择的事业与你所选择的爱情发生了冲突。只有爱情的生活会缺少物质根基,像虚幻的海市蜃楼总会消失。只有事业的生活会缺少精神动力,像机械的物理运动总会停止。

生活是物质与精神的共存,事业与爱情的融合。冲突,我们无法避免,但我们可以去不停地解决两者的矛盾。生活的真谛不正是我们追求两者都完美的过程吗?

当然,在男人成家之后,通常会事业家庭兼顾,如若过度追求物质财富而忽略了家庭,就是男人的不对了。所以,女人如若真爱一个男人,自己又没有能力照顾家庭,就该为男人和将来的家庭多着想,而不是无理取闹。生活毕竟是两个人的生活,男人已经扛得太多了,你又怎能残忍地要男人舍去事业,去迁就你那一贫如洗的生活。整日以感情为食,就能驱寒避暑?就能养家糊口?

有什么别有病,没什么别没钱。过度追逐物质金钱固然不好,但若没有一定的物质基础,谁又能够舍去本来可以让你们都可以过得更好的事业,而去漫无目的地流浪?

婚姻中的男女重要的是包容对方,克制自己。多改造自己,而不是试图改变对方。肯定对方的优点长处,无形中忽略对方的缺点短处。婚姻中男女不再要超越年龄的爱情,不再要超越岁月的美丽。让感情、事业不再对立,让成熟、魅力融合在一起。

两个有缘的人在一起,男人的关爱,可以改变女人的心灵;而女人的微笑,就可以改变男人的人生观。追求一个男人或一个女人,是一门学问,守住一个男人或一个女人,是一项事业。前者是在经营美,

162

第八章 我会放你一马，你需给我一生

而后者是在经营人生。

常说，一个人婚姻的成败决定事业的成败。一个成功的事业男人，另一半的支持极其重要。自古常言道，一个成功的男人背后站着一个伟大的女人。这个女人有可能是老婆，也有可能是其他女人，但一定是一位好女人。所以在择妻交友的时候，必须要慎重。

唐太宗大治天下，盛极一时，除了依靠他手下的一大批谋臣武将外，也与他贤淑温良的妻子长孙皇后的辅佐是分不开的。可以说长孙皇后就是唐太宗事业的桅杆。

长孙皇后知书达理、贤淑温柔、正直善良。对于年老赋闲的太上皇李渊，她十分恭敬而细致地侍奉，每日早晚必去请安，时时提醒太上皇身旁的宫女怎样调节他的生活起居，像一个普通的儿媳那样力尽孝道。对后宫的妃嫔，长孙皇后也非常宽容和顺，她并不一心争得专宠，反而常规劝李世民要公平地对待每一位妃嫔，正因为如此，唐太宗的后宫很少出现争风吃醋的韵事，这在历代都是极少有的。

长孙皇后凭着自己的端庄品性，无言地影响和感化了整个后宫的气氛，使唐太宗不受后宫是非的干扰，能专心致志地料理军国大事，难怪唐太宗对她十分敬服呢！虽然长孙皇后出身显贵之家，又贵为皇后，但她却一直遵奉着节俭简朴的生活方式，衣服用品都不讲求豪奢华美，饮食宴庆也从不铺张，因而也带动了后宫之中的朴实风尚，恰好为唐太宗励精图治的治国政策的施行做出了榜样。

长孙皇后不但气度宽宏，而且还有过人的机智。有一次，唐太宗回宫见到了长孙皇后，犹自义愤填膺地说："一定要杀掉魏徵这个老顽固，才能一泄我心头之恨！"长孙皇后柔声问明了缘由，也不说什么，只悄悄地回到内室穿戴上礼服，然后面容庄重地来到唐太宗面前，叩首即拜，口中直称："恭祝陛下！"

你赢,我陪你君临天下　你输,我陪你东山再起

她这一举措弄得唐太宗满头雾水,不知她葫芦里卖的什么药,因而吃惊地问:"什么事这样慎重?"长孙皇后一本正经地回答:"臣妾听说只有明主才会有直臣,魏徵是个典型的直臣,由此可见陛下是个明君,故臣妾要来恭祝陛下。"唐太宗听了心中一怔,觉得长孙皇后说的甚是在理,于是满天阴云随之而消,魏徵也就得以保住了他的地位和性命。

拥有一个好妻子、好女人,胜过一切荣华富贵,妻子内心的财富胜过身外的财富,朋友的境界可以助您的理想扬帆远航。一句话,好男人一定要有靠得住的好女人。

要知道他也有自己特殊的"那几天"

你的"那几天"都需要什么?更多的关注,更多的保护,更多的倾听。要知道他也有自己特殊的"那几天",而且需要的,和你恰恰相反。

这是个心理亚健康的时代,每个人多少都得有点情商常识来呵护自己那几根脆弱的小神经,科学家都已经发表了男人也有"例假"的言论。恰巧男人的"例假"也是28天一个周期,它影响着男人的创造力、对事物的敏感性、理解力以及情感、精神方面的机能。在那段时间里他们会没来由地表现得意志消沉、食欲不振、性欲低下。他们的"例假"也不总是和月亮有关,因此也无法判断什么时候开始和结束。大部分男人在不得不从事自己不喜欢的工作,或是不能从事业中获得预期的效果时,他们的"例假"就会无限期地延长,从而陷入所谓的"低潮"。

第八章 我会放你一马,你需给我一生

赵敏的先生做项目经理6年了。过去,夫妻之间感情一直都很好,忙是忙点,但是日子过得井井有条。四个月前,她先生的工作出现了问题,国外的一个项目没有达标,对方明确提出了换人的要求,她的先生被换了下来,暂时闲置起来;开始他只是发发牢骚,还自嘲说"可以休息一下了",但是过了一个月,他听说"老板把新的项目给别人了,可能自己半年内会没有事情做";又过了一个月,他说"是不是应该辞职了,老板到底还想不想用我,不用吧,也给我一个小活,带着一个兵,用吧,暂时又没有新的项目,让我闲置着"。商量之后决定先不辞职,再看看。

但是他的状态越来越不好:每天晚出早归,回家做饭,但是吃得很少;经常看着电视发呆,或者躲到屋里玩游戏,甚至上黄色网站;生活中话明显少了,不爱谈工作的事情,也不爱谈别人的事情。赵敏很想给他打气,但是他躲开了。他甚至开始伪装自己,显得很无所谓。赵敏发现他很敏感,听到赵敏讲工作中的快乐故事或者不愉快经历的时候,都有一种强装的认真感。为了让老公早日振作起来,赵敏开始发动自己的人脉,积极为老公介绍新工作,希望新的工作能激起老公的斗志。有个以前的客户那边刚好需要客户经理,赵敏就积极介绍老公过去。没想到当她把这个好消息告诉老公时,不但没有得到老公的感谢,反而激起老公更大的怒火,甚至对着赵敏喊:"你是不是觉得我没本事,只能靠你找工作!"随即冲出了家门。

有的学者认为,一对伴侣相处久了,他们的生理周期也会变得同步,也就是说,你和你的男人有可能一起经历"每个月那几天"。那可真是件麻烦事,想象一下吧,当你像只孵蛋的母鸡一样肠阻气滞、浮躁不安的时候,旁边却有个看起来比你好不了多少的雄性鸵鸟——一心只想把头埋进沙堆里躲个清净。

你赢,我陪你君临天下　你输,我陪你东山再起

男人在"那几天"里,不需要卫生棉和芬必得,但也不能对着同性说他们家亲戚来了而获得同情和理解。处于低潮的男人,对"女人""情话""商场""八卦""浪漫"之类的词语避之不及。如果你问男人:"你希望我做些什么?"大多数男人都会在心里说:"闭嘴。"他们宁可自己玩玩游戏,或者若无其事地跟哥们儿混,也不会和女人谈论自己的问题——因为通常他们并不一定知道问题出在哪里。跟女人谈论自己都无法解释的问题,会增加男人的无助感。在这样的时候,如果女人像对待自己的姐妹一样刨根问底,男人的选择便是走开。最终伤害到的是你们之间的亲密关系。

当然不是男人才有低潮,低潮面前人人平等。出现低潮的原因也大同小异:事业,家庭,爱情,友情,长时间的紧张工作,不规律的生活,挫折和失望。如果不能将情绪上的压抑及时宣泄出来,人就会陷入低潮。只是女人有更多的外在助力来把低潮的伤害降到最低。看看你的四周,电梯间,地铁里,那些有流畅音乐和柔软沙发的咖啡屋,是不是总有两个或两个以上的女人在一起嬉笑怒骂?作为语言的动物,女人可以在任何地方、任何时候表达自己的点滴感受。不知道是幸或不幸,你的男人却没有这样的天赋。被情绪困扰的时候,无论他受到的是什么样的挫折,他很少会主动走到你面前说:"亲爱的,我想跟你谈谈……"

既然男人不是语言的动物,你完全可以用另外一种"语言",你的身体、动作,还有那些他会留意的小细节来表示你的支持和亲近。男人的感受是直观的,让他看到你为他做的事情,碰触他需要关爱的部位,给他带来的抚慰远胜于你的言语。

事实上,照顾好我们自己,做个健康、性感、自信和智慧的女人,就是对你的伴侣的最大支持。毕竟,无论是男人还是女人,最强大的力量总是来自我们的内心。

第八章 我会放你一马,你需给我一生

没有男人的撒谎,想拥有一个幸福的家庭实在是太难了

男人撒谎有很多不是恶意的,基本上是善意的,目的是维护家庭团结和给老婆面子。

如果一个男人在下班路上,碰见多年不见的漂亮女同学,两人谈起学生时代的校园生活十分兴奋投机,两人去饭店边吃边谈,或去咖啡厅、酒吧聊天,很晚才回家,如实地告诉老婆,老婆不像警察审小偷似的审你到天明才怪。从此也会在她的思想里有个阴影,只要你回家晚了,她就乱想,怀疑你又私会女同学去了。她会怀疑你和那个女同学曾经是恋人,会死灰复燃。

男人什么都和自己老婆说,有的时候是伤害,不是关爱。

有的时候必须撒谎。没有男人的撒谎,想拥有一个幸福的家庭实在是太难了。透明的家庭保证总是处于冷战状态。

猜忌不是女人的弱点,猜忌是因为她注重家庭的幸福,是女人对老公的另一种爱的方式。只是这种爱自私了点。本来爱情就是自私的,所以不为过。

如果男人私下给自己的亲属父母一点钱,夫妻之间就闹矛盾,丈夫也只有积攒私房钱了,用私房钱支付额外开支和贴补父母。当然,这样做是有苦衷的,也是无奈的。当你面临家庭失去和睦的时候,你只有撒谎了。

男人的撒谎有时候是妻子逼出来的。

有时候男人的所谓"撒谎"实际是女人定义的。男人为维护自己的面子和家庭和睦,承诺给老婆很多事情,结果现实与希望的东西总是差得很远,男人也努力了,甚至竭尽全力都没能实现,老婆认为丈夫

就是在撒谎。日积月累男人的形象也就失去了光辉。

男人的一个面子,使自己丧失很多尊严。有时候也是没办法的。

老婆看上一件衣服,买到这件衣服可能本月的日子难以度过,男人只好做老婆的工作,下月开工资给她买,结果是又一个下月,最终成了遗憾。季节过了,买不买已经不重要了。男人有时候一粗心,把自己许多的承诺都忘记了,时间长了不是撒谎又是什么?

有的女人你就不能和她说实话,有的男人在外面遇到很麻烦的事情,妻子又是个心眼很窄的人,心事重,你不撒谎她也跟着难受。

很多的谎言是女人怀疑造成的,明明你没撒谎,她也认为你撒谎了。这是女人的一种心理。

撒谎如果是善意的,没什么不可以。

不是所有的男人都撒谎的,撒谎只要没有恶意,不对感情产生危害,没什么不可以。

早上,五岁的儿子在餐桌上用很正式的语气问:"爸爸,你上次答应给我和妈妈买的朗逸,为什么还不买呢?"李涛放下正准备再咬一口的油条,也用很正式的语气回答:"朗逸算什么,很快会落伍的,爸爸准备考察一下奥迪,给儿子买一辆奥迪回来。"

出门时,他带上每天要带的公文包,拥抱一下自己的妻子。"你今天为什么有些反常,你已经很久没有抱我了,你有什么事情吗?"妻子说。

他被妻子的问话弄得有些尴尬地放下举着的手,"没什么,昨天你给我念的那个什么'爱'的文章,我觉得讲得很好!"

在小区的门口,他遇到正在推销老年保健仪的女业务员,那是他多年前的同学。"买一个吧,送给父母,我给你一个好折扣。"他友善地笑笑,"真是很巧,我妹妹刚买了一个拿回家,确实很好用。"周围的

第八章 我会放你一马,你需给我一生

人注视着他讲完这句话。他接收到女同学回报的一个友善笑容。

他在马路上骑车,没有去公司的方向,直接到了他母亲家里。

"怎么今天过来了呢,你不去上班吗?是公司有什么变动吗?"母亲担心地问他。

"怎么会,我外出谈业务,看离约的时间还早,顺路过来看看您而已。"他正回答母亲的时候,父亲从外面回来。

"你帮我参谋一下,这个保健仪的价格和质量如何,正在咱家楼下促销呢。"

父亲手里拿的宣传资料恰是他女同学在卖的那种仪器。

"全是骗人的话,您可千万别信,您儿子我天天写这样的广告词,您再上当,岂不让人笑话!"他不想再和父亲啰唆,说有事情,起身离开家。

他在外游荡了很久,去了哥们儿开的小饭馆。

"你升职了吧?每天都那么卖命地给人做事!"哥们儿拍着他的肩膀调侃他。

"升了,升了,很快的事情,升了兄弟请你喝酒。"他坐了一会儿,看到饭馆里的生意冷清,拍拍兄弟的肩膀说声"走了"。

中午一点,是他约好的面试,看起来这家公司情况不错。

"你当时为什么离开你原来工作的地方。"主考官在对面问他。

"我喜欢挑战自我,虽然年龄大了,但我挑战的心依然年轻。"他不清楚这样的回答会不会让主考官满意,他确实有好多年没有参加过面试了。

他现在是个失业的男人,这是上周的事情,他服务了数年的老板请他到办公室谈话,说是公司的现状很困难,唯有这样了。老板还说十分舍不得他走,如果公司情况好了,会请他再回来的。

他是怎样回答老板的呢,他有些记不清楚了。

你赢,我陪你君临天下　你输,我陪你东山再起

他现在已经成为一个失业的男人了,他的父母、儿子、妻子、朋友都还不知道这件事情。他相信用他早就熟练掌握的撒谎技巧,可以隐瞒得很好。其实,撒谎有什么困难,他已经到了撒谎而不脸红的境界。

"撒谎的孩子不是好孩子。"晚上睡觉前,他听到自己的儿子在对家里的小狗说这句话,他不是很清楚因为小狗做了什么,孩子说这样的话,但自己有点心慌的感觉,这一天是不是自己撒谎的次数过多了呢?

其实多点少点有什么关系?都是为了日子感觉好过些,李涛这样安慰自己,睡着了……

天长日久后,李涛慢慢发现谎言也是生活的必需品。

女人是没有理由谴责男人说谎的,因为男人的谎言在许多情况下都是为了让女人生活得更加快乐。虽然他们采用欺骗的形式,欺骗的本质中却不包含从对方获得利益的目的。

女人常常喜欢生活在远离现实的虚幻之中。琼瑶的小说谈不上有什么出奇的内容和创意,却是女人圆梦的最佳助燃剂。而男人的谎言通常正好充当了女人做梦的布景。如果一个腰身肥厚的女人特别钟情于紧身裤,作为男人应该说些什么呢?或者一个睡态不雅的妻子问起自己睡觉时是不是像清醒时一样漂亮?男人应该如何回答?其实答案只有一个:男人说谎,女人满意。

女人不可能都长得美丽,但当她觉得自己像奥黛丽·赫本一样清纯动人时,她会生活得自信而且快乐。诸葛亮的黄脸婆肯定比西施丑陋百倍,然而她生活得肯定比西施快乐百倍。女人几乎不会主动面对现实,尤其她们有了男人之后,她们根本不再照镜子,男人才是她们真正想要的镜子。她们希望自己的男人都是白雪公主母后的魔镜,只要她们问起,她们得到的永远是由衷的赞美。为了女人的快乐,男人怎么可以放弃说谎呢?男人不说谎,女人将无地自容。

第八章 我会放你一马，你需给我一生

女人和男人的爱情观念完全不同，但男女之爱又必须和谐。于是，在爱情中，谎言就成为必需的调剂品了。男人撒谎，女人受骗，前者知道事实但不会说，后者不想接受事实宁愿听假的，双方都绕过了真实达到一致，爱情就这样受到蒙蔽才活着。

世上有一种很美的东西叫作善意的谎言。每个人都会或多或少有撒谎的时候，有时候是无奈，有时候是故意。生活就是这样，有好有坏，同时要求你随机应变，这无疑又是一种挑战。

别说话，拥抱我

几乎天下所有的男人都怕吵，害怕女人永无休止的唠叨和抱怨，尤其是在他们很疲惫的时候，一旦这个死穴被踩到了，再有修养的男人，也会抓狂变脸，结果可想而知。

有一个脾气很好的男人，他很善良，对人彬彬有礼，对家里也很照顾，是个尽责又有修养的好男人。

可是，就在他结婚几年后，竟然被老婆告到警察局，说他殴打她，因此向法院提出离婚。这件事传出来，认识他的人都很诧异，心想他脾气这么好，怎么会是有家庭暴力行为的人呢？

有一天，他的一伙朋友约他吃饭，想问个明白，他闷了半天才说，他这个人什么都可以忍，就是不喜欢人家唠叨和抱怨，尤其是在他很疲惫或身体不适的时候。他说，他的这些死穴以前就对他的妻子说过，但他的妻子根本不放在心里。

你赢,我陪你君临天下　你输,我陪你东山再起

他说,几乎每天他从公司一回到家,他妻子就开始抱怨不休。说话像九十厘米口径超级机关枪的妻子,从抱怨他不关心孩子到抱怨家里的杂事太多,数来数去,反复地说,让人听了抓狂。她总是只想到要发泄自己不满的情绪,却从没有真心地关心过她的丈夫。

那一天,他工作不顺被老板骂了半天,人又很疲惫,加上熬夜太累身体不舒服,一回到家他就躺在沙发上休息。家里那台移动式的超级机关枪也不管不顾,一见到他就开始唠叨。开始他还耐着性子让她先不要吵,自己要休息一下,结果他的妻子却变本加厉,把他骂得狗血淋头,他一气之下就出手打了她一巴掌。

最后,他们离婚了。

男人在外打拼了一天,好不容易回到家,全身瘫在沙发上时,聪明的女人应该知道这时候的男人是最需要放松、最需要休息的。因为家是他最安全、最温馨的避风港和休息站,他不用再绷紧神经戴着面具,应付各种各样的人,这时的男人就像是正在充电,需要把消耗的能量补充回来。因此,聪明的女人就是要尽量让他舒服自在,这才是最到位的关怀,也是牢牢抓住男人心的最佳时机。

但是很多女人不但不能体会男人的疲惫,还要强迫男人专心扮演一个好听众。憋闷了一天,只顾自己的女人一见到男人便开始抱怨,"你看人家男人天天陪老婆孩子逛街散步,而你却老是看不见人影""你看人家的生活过得多滋润,开的都是豪华轿车,再看看我们,我跟你真是倒了八辈子霉了……"连一点鸡毛蒜皮的琐事,也都要和疲惫不堪的男人计较,男人让她们不要再说了,她们也充耳不闻,永远只知道自己的感受却忽略别人,这样的女人不但毫不通情达理,而且没有任何气质风度,最后很容易失去爱情。

第八章 我会放你一马,你需给我一生

自从男人结婚以来,他的妻子就不断地抱怨,而且还经常取笑和挖苦他。

那时候他是一个推销员,他的妻子特别看不起这份工作,觉得累、受人气,压力也比较大。可男人却一直觉得自己的工作很有前途,而且很自信。每当他回到家里,总是希望能够得到妻子的鼓励,哪怕是一句温暖的话或是一个鼓励的眼神。可妻子并不是这样,总是说:"今天的生意怎么样?有没有带回佣金呀?是不是又带回来经理的一顿训话呢?我想你应该知道马上就该交这交那的了。"

男人尽管压力很大,但是他还是很自信地干着,最后成了这个行业的佼佼者,拥有了自己的公司。但是他的妻子并没有等到这一天的到来。他又找了一个年轻善解人意的好女孩。

妻子很不理解,也很恨自己的丈夫,她一脸委屈地说:"我为他省吃俭用,做牛做马辛苦了这么多年,当他有了钱以后,就去找更年轻的女人了。男人都不是什么好东西!"

直到最后,女主人公都没有意识到她和丈夫之间的问题。

当你在喋喋不休的时候,是否想到其实你的丈夫已经非常疲惫,他需要回到家享受暂时的宁静;当你在为一点小事跟他纠缠不清非要争个谁对谁错的时候,是否想到这没完没了的较真只会伤害夫妻感情;当你不断追问他过去的恋情时,不但给自己心里添堵,也一遍遍让他回到从前的那段情感……

婚姻中,有时候需要你适可而止地闭上嘴巴。不是所有的沟通都需要用嘴,有时一个拥抱、一杯水更能让你的另一半感受到家庭的温馨。

美国密苏里大学的一项研究发现,大多数男性不愿意交谈并不是压抑自己的感受,而是认为无休止的讨论毫无意义,对问题的解决根本无济于事。

男性和女性对情感压力的生理反应也不相同。"说出自己的感受"能平复女性的情绪，但对男性而言，这会让他们觉得不自在。他们的体内会分泌大量应激激素皮质醇，导致更多的血液流向肌肉。他们会因此而变得烦躁不安，而其伴侣则认为他们没有用心聆听。

要想双方都满意，关键是找到语言以外其他的沟通方式。"每个人都应该知道，在有语言交流之前，人类需要通过诸如抚摸、性爱等非语言的方式进行沟通，这样才能感受到水乳交融的亲密。"

增进你和伴侣之间感情的最佳方式是更多肢体上的亲密接触。

洛夫博士建议情侣们每天拥抱6次，每次至少6秒钟，因为6秒钟以上的拥抱能激发人体分泌有镇静舒缓功用的激素血清素。"6次6秒钟的拥抱听起来很多，但的确能使情侣之间更加亲密。"洛夫博士说，"开始可能感觉每天6次拥抱像履行公事，但很快你就会习惯并喜欢上拥抱。"

男女双方身体和情感表达上都存在很大差异，男性不了解，女性被忽视时是非常痛苦的；女性不了解，伴侣的不幸福对男性来讲是奇耻大辱。许多人只顾自己的情绪，一吐为快，却忽视了听者是否听得进去。当一个人心中郁闷的时候，将不再有心思去倾听配偶的诉说，反过来也会使诉说者因不受重视而心生不满。所以女性想要沟通的时候，最好选择伴侣心平气和的时候，才能产生好的结果。

总的来说，经营感情，靠的是"行"，而不是"言"。如果你能做到这一点，那么你的伴侣就不会感到受到威胁，你们的关系会更加和睦，你们的问题自然也会越来越少。

第五篇

致孩子——

遇见你，遇见最好的我

第九章

以你想要的方式，陪你成长

照看孩子不仅是一种爱与责任的表现，也是一项职业，就像世界上其他任何令人尊敬的职业一样，它充满乐趣和挑战，需要全身心地投入。

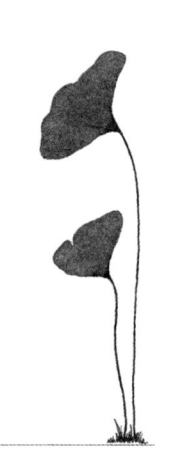

我们错过了多少珍贵的"第一次"

没有哪个父母不爱自己的孩子，假如，在安全与危险之间需要做一个选择，自己或者孩子，我想我们都会义无反顾、毫不犹豫地将孩子推到安全的地带，而将危险留给自己。父母对孩子的爱，是可以用生命去换的，谁也不能质疑父母的爱。孩子们需要父母的爱，需要无微

第九章 以你想要的方式，陪你成长

不至的关怀，还需要父母的陪伴。父母爱孩子，但是谁又能真正做到时时陪在孩子身边？

当孩子降临到这个世界来到我们身边时，为了给他们尽可能好的生活条件，我们肩膀上的担子很重，心理的压力很大。我们忙于生计，奔波忙碌，早出晚归。孩子们一天天成长着，到某一天我们有了时间抱抱孩子才发现他像突然间长大了。好像突然间他就会叫妈妈、爸爸了，会说再见了，不知道他什么时候会表达自己的喜好了……感叹，我们错过了多少珍贵的第一次！错过了多少美好的亲子时光！

故事一："早上上班走的时候，女儿还在睡觉；晚上下班回到家，女儿已经睡了。我只能在床边偷偷地看她几眼，心情异常复杂。"80后爸爸小赵如是说。

故事二："宝宝，世上的母爱是相同的，但是，妈妈不能每时每刻在你身边见证你的成长，因为妈妈是一位外交官……当祖国的外交事业，需要妈妈常驻一线的时候，妈妈不能说不，即使有了你，即使你还那么小。"一位外交官妈妈写给一岁半女儿的信。

故事三："孩子已经11岁了，什么都懂，打电话时老问，妈妈你什么时候回来？是工作重要还是我们重要？你光赚钱不要我们了吗？"王学峰是北京一家事业单位的保洁员，今年，是她从老家张家口来京打工的第三个年头，离开儿子的400多个日日夜夜，母子二人不知多少次在梦中相逢。

对很多人来说，陪伴孩子是一件无比奢侈的事情，有人是为生计奔波，有人是为理想奋斗，还有其他的各种理由。

事实上，对于孩子来说，父母的陪伴尤显重要。

你赢,我陪你君临天下 你输,我陪你东山再起

有人曾用小猕猴做过实验:把小猕猴从妈妈身边强行带离,在实验室里准备了一个有热奶的钢妈妈,一个没奶的绒布妈妈。按照"有奶便是娘"的推断,估计小猕猴会亲近钢妈妈,可事实不然,小猕猴不饿到迫不得已,都不离开绒布妈妈,一吃完奶就赶紧找绒布妈妈。

这个细节,让我们看到婴幼儿内心本能的向往和恐惧,他们对温暖的依恋和需求甚至超越了食物。这些小猕猴成年后,基本上都表现出冷漠、孤僻、不合群,甚至残忍地虐待孩子。这说明温暖的怀抱、慈爱的眼神、温柔的话语、肌肤相亲,是一个智力生命正常成长不可或缺的成分。

在我国,目前"失陪"更多的是父亲,这对男孩最常见的影响是"父爱缺乏综合征"。害羞、情绪沮丧、自暴自弃、不求上进、少言寡语、不爱集体、厌恶交友、急躁冲动、喜怒无常、害怕失败、感情冷漠,严重的还可能逃课、早恋、离家出走、偷盗甚至喜好暴力,没有父爱的男孩更容易成为一个危险的男人。

一句话,孩子的成长离不开父母,缺失父爱母爱的孩子会感到紧张、有不安全感,导致负面情绪较多、积极情感偏少,甚至出现情绪困扰、人格障碍、行为问题。

那么,对孩子来说,父母的陪伴有哪些积极意义呢?

首先,能满足孩子的精神需求。孩子的成长既需要物质基础,也需要精神呵护,尤其是来自父母亲人的呵护。第二次世界大战后法国孤儿院的例子就很典型。当时,不论城市乡下,配给都公平等量,但若干年后发现,乡下孤儿死亡率远高于城市。原来在城市,经常有志愿者去抱或背孤儿,而在乡下,孩子本能的"肌肤饥渴"、精神呵护未被满足。

第九章 以你想要的方式，陪你成长

其次，有助于孩子适应社会。父母对子女来说是无可替代的，孩子能从亲子互动中获得安全感并诱发良性情绪，形成信任、依恋、依赖、期待等积极情感，学会交往，形成社会适应能力，并发展智力。可现在，很多"80后"父母把孩子交由爷爷奶奶、姥姥姥爷甚至保姆带，自己当"甩手爹娘"，殊不知这样却因小失大，孩子容易形成种种心理问题，不利于他适应社会。

父亲在孩子的成长中主要扮演着三个角色：智慧的启迪、人格的塑造和做人的引导。研究发现，与父亲在一起时间越长、做的游戏越多，孩子有大智慧的可能性越高。有父亲陪伴的孩子人格往往更健康——脸上有笑容、抬头挺胸、精神振作、内心阳光，他们做事更果断，思想更活跃，抗挫折能力也较强，人际关系良好。父亲还扮演着纪律教育、情感控制、做人监督等角色，引领孩子形成良好品性。

母亲则主要扮演两个角色：习惯的养成和情商的培养。由于母亲喂奶，注定了与孩子有更多的接触机会，孩子通过观察模仿，会形成与妈妈极为相同的习惯，而好习惯是终身享之不尽的财富。母亲的疼爱，能让孩子的依恋、信任、期待、希望越来越多，社会性越来越好，情商越来越高。

最后，帮助孩子进行社会角色模仿。父母与孩子生活在一起，孩子会进行很多社会角色模仿：女孩模仿妈妈、男孩模仿爸爸，无论是性别、家务、家庭教育角色等都会得到潜移默化的渗透、熏陶与自觉定位。否则，角色意识、责任感等都会受到影响。

一个人玩不是独立，而是孤独

养育孩子，是一项非常重要的工作，也是每一位父母的重要职责，正如美国慈善家罗斯·肯尼迪所说："照看孩子不仅是一种爱与责任的表现，也是一项职业，就像世界上其他任何令人尊敬的职业一样，它充满乐趣和挑战，需要全身心地投入。"

从这个意义上来说，养育孩子就是父母的终身事业，真的需要我们用心。前半生用心，后半生省心；前半生省心，后半生伤心。如果父母能够用心陪伴孩子成长，孩子终将受益一生。

"爸爸玩电脑、打电话，妈妈做家务，他们每天都不和我一起玩。"5岁的郎朗正是爱玩爱闹的年龄，每天从幼儿园放学后，常会缠着大人陪他玩，但大多时候他都会失望地回到自己的房间。对此，郎朗妈妈说："我每天下班后就开始做饭收拾家，基本没空闲时间，就让孩子爸陪他玩。可是，孩子爸也累了一天，想安静一会儿，结果总是扔给孩子几个玩具或平板电脑，美其名曰让孩子自己探索，发现乐趣，为此我们也不止一次发生争执。"

一次，郎朗爸爸到超市购买了一个机器模型给儿子过生日，原以为孩子收到礼物会非常兴奋，谁知道却被儿子丢到了一边。后来，郎朗悄悄告诉妈妈原因：他自己一个人玩模型毫无意思，最想爸爸跟他一起玩模型。采访中，记者了解到，郎朗妈妈的烦恼，不少父母都碰到过。

"让孩子学会独自玩耍、独立思考。"在这类甩手掌柜型父母的家中，我们常常看到的画面是，孩子一个人闷闷不乐地摆弄着玩具，抑

第九章 以你想要的方式，陪你成长

或专注地看着动画片，偶有父母在身边，父母也只是随意做做表面文章，孩子往往不停地叫着爸爸、妈妈，希望唤回神游的父母。

孩子一个人玩不是独立，而是孤独，爱需要陪伴。当孩子渐渐长大，你会发现，很多和孩子最亲昵的时光，一旦错过，便再也无法找回。

如今，是一个独生子女居多的年代，孩子在家没有玩伴，只能央求父母多陪伴他们。爱是陪伴，还是独立？确实很难回答，但有一点是肯定的，爱需要陪伴。

儿童心理研究者发现，低龄的孩子独处时，他们会感到很孤独，内心渴望与人交流。父母要陪孩子，更要重视孩子与伙伴一起玩。家长可以想办法创造条件，让孩子尽可能与伙伴一起玩。有时候，我们担心孩子们一起玩耍会闹别扭，也担心麻烦，不让孩子到伙伴家里去玩，或者不欢迎其他孩子来家里玩，这都是大人不懂得伙伴对孩子的重要性的表现。毕竟，在与伙伴的交往中，他们能学会适应社会，学会与人相处，完成社会化的过程，这才是真正的独立过程。

对于父母，在陪伴孩子的过程中，要多一些耐心和爱心，引导孩子多尝试一些事情，不要总跟孩子说不。越跟孩子说不，孩子越容易养成没有主意的性格。如果孩子没有自己的主意，在今后的人生路上遇到很多事情时，他总是要征求家长或别人的意见，那样，父母就真的要发愁了。另外，不要把孩子的时间排得太满，有些家长为了减轻自己的负担，给小小年纪的孩子报好几个培训班，把与孩子相处的时间压榨得所剩无几。其实，放慢孩子走场似的学习脚步，让孩子尽情地享受童年，这样的过程对他以后学习、成长会有更大的促进作用。

在孩子成长的每一个关键阶段，父母都应该是主角，不是配角，更不能缺位。

从出生到两岁，父母既要关注孩子的吃喝拉撒睡，即生理的发展，又要关注其人格和社会性的发展。对于吃喝拉撒等护理方面的事情，我们可以请人代劳。但如果父母希望跟孩子之间建立安全型依恋关系，就只能靠自己多跟孩子互动、敏感地回应孩子、积极地表达情绪等。这些工作是永远无法外包给别人来完成的，而是自己多花时间陪伴孩子、多花精力照顾孩子。

从两岁到六岁，父母不但要关注孩子的生理发展和社会性发展，更要关注孩子的性格培养和习惯养成。在这个阶段培养的性格、养成的习惯，将影响孩子的一生。随着年龄的增加，孩子的自我控制能力不断得到发展，从两岁左右就开始逐渐学会遵守规则，逐步提高自己的社交技能。因此，父母需要像教练一样养育孩子，提高孩子在自我控制和社会关系方面的能力。开始制定规则并执行，这个阶段对孩子的爱就是手把手教给他们规则和要求。当然，父母建立的规则也需要跟孩子逐渐提高的能力相匹配。所有这些方面，都很难依靠别人来取代父母的角色。

从六岁到青春期前后，父母不但要关注孩子的生理和心理发展，更要关注孩子的品格培养和价值观塑造。孩子到了六岁左右，自理能力大大提高，行为上表现得更加独立。因此，父母要为他们建立起一种生活方式，教给他们价值观和道德观，逐渐让孩子确立自己的人生观。而在品格和习惯培养方面，父母的身教胜过言教。说给孩子听，不如做给孩子看。要求孩子做到的自己首先做到，希望孩子具备的自己要首先具备。在价值观引导方面，父母只有充分了解自己的孩子，才能真正走进孩子的内心世界。这些方面，更是无法靠别人来完成的。

完整的教育体系应该包括家庭教育、学校教育、社会教育和自我教育四个方面。家庭教育在整个体系中处于首要的位置，学校教育处于主导的地位，社会教育是外因，自我教育是内因。

因此，作为父母，千万不要奢望老师能全部取代父母的角色，更不

第九章 以你想要的方式，陪你成长

要认为学校和教育机构能代替家庭。如果说学校主要教孩子知识、技能，那么，父母更多的责任则是把孩子培养成为一个合格的公民。如果父母没有在小时候把自己的孩子教育好，那么终有一天就会给别人教育的机会。

敏感期，离不开父母的陪伴

孩子每个阶段都有不同的发育特征，儿童在早期发展阶段有几个所谓的敏感期或称关键期。在敏感期阶段，儿童接受某种刺激的能力是异乎寻常的。儿童对某种事物的特殊感受一直持续到这种感受需求完全得到满足为止。

如果父母意识到这种敏感期的存在，他们就能适时地从各方面促进儿童的成长。

1～2岁："不"字当头

一两岁的小坏蛋有多坏，我们都已经知道了。

最突出的表现包括："不"字当头、打滚耍赖、一意孤行、占有欲强、自私霸道。

其实，孩子的这些行为都只是因为孩子开始有了自我的意识、意愿、意图。但他们不懂得表达，甚至他们自己也不明白自己的意图。

对待这么小的小宝宝，管教技巧主要以疏导、绕道为主。

安全第一：不要告诉孩子不许玩、不许碰。你自己把该锁起来的锁起来，该扣好盖子的扣好盖子。

生活规律：饿了、渴了、累了、困了、闷了，孩子就容易发脾气。

你应该摸清孩子的生活规律，在孩子陷入可能导致坏情绪的陷阱之前，采取恰当措施，比如让孩子吃饱、睡觉、带到其他地方玩等。

转移注意力：这么小的宝宝，注意力移动得很快，你要好好利用。比如，你抱孩子上餐椅吃饭，孩子打挺不肯进去，你就不必坚持。拿些小胡萝卜丁、小麦圈什么的哄哄他，等他吃得高兴心情愉快时，再抱进餐椅里去。

不当观众：当孩子打滚撒赖时，不当观众。没有观众了，这演员也就没趣了。

绕开硬碰硬：如果你问，"你要不要洗澡？"这答案肯定是："不！"你可以换个说法，"你想在澡盆里玩小鸭子，还是玩小水桶？"

放松你自己：当你自己太累、太困、太饿时，你也会和孩子一样，容易发脾气。就像对待孩子一样，在预计你自己要进入"坏情绪区"之前，好好善待你自己一下，给自己充足电。

3岁：友善、平静、充满安全感

从情绪上看，3岁的他是个快乐的年纪，他友善、平静、充满安全感，易于接受，也乐于分享。

在两岁半吵闹不停的孩子，到了快3岁的时候，会突然变得安静而斯文。他会经常说，好或者要。笑的时候比哭的时候多，对你的要求也比以前要能容易妥协。

3岁时，大部分的孩子在生理或者心理，尤其是情绪发展上，会呈现一个稳定的状态。此时他已经有很好的自我意识和稳固的自我概念。当然，他的自我概念和别人如何对待他有很大的关系。

虽然在3岁的时候，他一向强硬的拒绝态度减少了，取而代之的是分享或者依赖，但他也体会到自己的成长和能力的增强。

同时3岁也是个"我们的年龄"。他会喜欢说我们，如我们一起来散步。这种一起做或者是我们的感觉，让他有依赖的感觉。同时，他也喜欢分享的滋味。从前看起来喜欢独立的孩子，现在却经常和妈妈说，你帮我做，或是你做给我看。

他喜欢与其他孩子一起玩，但是他最喜欢的人还是妈妈。尤其是妈妈放下手中的事情，把注意力放在他身上，讲故事给他听，跟他玩游戏，或者陪在他身边，总是带给他欢乐的情绪。

他在肢体动作的控制上，已经相当成熟和舒畅。他的步伐稳定，走得很好，跑得很顺，在急转弯时也不费劲。他走路的时候，两手自然地摆动，不需要夸张地伸张手臂来平衡重心。

在语言能力上他的发展也到了新天地。他喜欢学习新的字，尤其喜欢这些字眼：新的、秘密、吓一跳、好难。

4岁：活泼、喜爱任何新鲜的事物

3岁的小孩有颗温顺的心，4岁的小孩的心则是活泼的。

典型的4岁孩子喜爱冒险，喜爱远足，喜爱刺激，他喜爱任何新鲜的事物，去接触不认识的人，喜爱到新的地方，喜欢新的游戏、新的玩具、新的活动和新书。对于大人所提的娱乐点子，再没有人比他们反应更大了。

典型的4岁孩子动作迅捷，他做每件事情都很快，兴趣转移得也很快，而且一件大事大多做一次。他没有兴趣讲究完美，只有兴趣继续做下一个活动。

这个年龄的孩子，无论男女，大多是快活的、精力充沛的、活蹦乱跳的、荒谬好笑的、无拘无束的，对什么事情都跃跃欲试。和3岁半时爱吵又爱闹的情形相比，他的改变可是不小哦。现在他经常说话多一点，也有点爱吹牛，有的时候还有些跋扈。这些都是因为他开始进入表现自我的领域，新鲜加上过度兴奋所致。

4岁的孩子经常开口闭口都是不堪入耳的话，狗屎，他妈的，是经常听到的脏话。

如果哪个朋友得罪他,他可能会叫他狗屎蛋。一般来说,孩子会将这类名词和形容词,用在他不接纳的人身上。

做父母的需要对自己的言行更加的谨慎才行。从另一方面说,孩子如果不用真正的脏话,也会用一些几近侮辱和威胁的字眼来批评大人。

如果真的遇到这种情形,你不用生气地训诫他,要冷静地对他说,"是这样吗?"或者眨眨眼睛表示你明白真相,这样一来,他往往很快就会说出实话的。从这个时段开始,孩子也渐渐明白事情的好或者坏。这个时期,他最高兴的事,莫过于在睡前听一些小故事。他喜欢听爸妈小时候如何坏以及怎么好的故事。

5岁:开朗而愉悦

5岁,开朗而愉悦的年龄。5岁的孩子像阳光一样,温暖,明朗。

5岁的小孩真心地想要学好,而且,通常总是表现得很成功。在这个年纪里,最令人喜悦的特质,就是他热爱生活,自得其乐,而且总能看到生活的光明面。

他一心求好,有时甚至连微不足道的小事也要请求大人容许。甚至他所用的语言,也都是正面而积极的。他常说,当然,好啊,好可爱哦。他之所以表现得这么好,至少有个把月的时间如此,主要原因是,在这个年纪,妈妈是他世界的中心。他全心想要讨好妈妈,亲近妈妈,他要跟妈妈说话、跟妈妈玩耍、帮妈妈做家务,跟着妈妈在屋里团团转。很多5岁的小孩,真的是宁可跟着妈妈待在家里,也不跟小朋友到户外去玩。

5岁是稳定的,但也有些小孩直到6岁都还是维持这种稳定,有些小孩却可能5岁半便开始表现出不稳定的征兆。如果孩子正值不稳定期,请不要气馁,不要觉得他什么都不对劲,也许是你的教育方法不得当也说不定。请你坚定信心,美好的时日终会来临的。

第九章 以你想要的方式，陪你成长

6岁：顽固、自负、蛮不讲理

在写6岁娃之前，有必要迅速浏览一下5岁娃。5岁娃，是孩子也是父母最快乐的时光。他喜悦、安详、友善、宽容，喜欢顺从家长。而且，妈妈是他世界的中心，让妈妈快乐，就是他的快乐。美好的黄金年华5岁之后，就进入暴风骤雨的人生第2叛逆期了。这个叛逆期的特点是，孩子是极端的、两极化的。他有本事在转瞬间讨厌刚才还满心喜欢的事情。而且，他世界的中心不再是妈妈，而是他自己。他希望事事处处按自己的意愿，因此对父母常常"抗旨不遵"，"我不要那样！我就要这样！"6岁娃同时在两个极端游走。他可以在学校里做一个模范生，回家里当一个小恶霸，这也是因为他的两极化。把笔画或数字反写是很常见的6岁现象。他什么事都争强好胜，难以忍受任何失败。

他顽固、自负、蛮不讲理。其实，他这么做只是为了建立和增强他自己的安全感。

因为，他现在处于很容易受到伤害的敏感期。不光情感上他特别容易受到伤害，他的身体发肤好像都对疼痛很敏感。

给6岁女孩子梳小辫儿很可能让孩子疼得哇哇叫。

6岁的男孩，摔一跤后可能哭得让你诧异他怎么比过去娇气了好多。

噩梦也因此给6岁娃带来很大的困扰。

6岁娃很愿意在老师面前做个好学生，自觉以老师的话为圣旨，甚至老师越严格他越有安全感。哪怕一天的课下来他身心疲惫，也很少对老师有所发泄。他会回家去好好"整整"他的妈妈。

6岁娃，对"自己的东西"和"别人的东西"分得还不是很清楚，因此顺手拿走别人的、他喜欢的东西，是惯常现象。

还有，孩子并不总说真话。比如，他会一口否认是他打碎了你心爱的花瓶，哪怕花瓶的碎片还躺在他的脚边。这时，如果你问他："花瓶放得那么高，你是怎么够得着的？"他又会详细介绍他如何搬椅子的本事。

你赢,我陪你君临天下 你输,我陪你东山再起

妈妈的情绪,决定孩子的未来

大人的世界充满着烦恼的事,当你不开心或者不顺心的时候,或者孩子不听话的时候,难免会情绪失控,所以经常可以看到妈妈皱起的眉头和无奈地耸肩,她们无可奈何地抱怨:"这么不听话的孩子,气都快被他气死了……"

妈妈动不动就暴跳如雷,会让孩子感觉莫名其妙,受尽委屈。而且也会让孩子不断感到恐怖,时间久了就会形成压抑的情绪。另外,最大的影响就是,这样的小孩子长大后也可能会和妈妈一样,易怒而控制不了自己的情绪。心理学上称之为"仿同"心理。孩子会把妈妈的欲望、个性特点不自觉地吸纳为己有,并表现出来。这是极其不利于孩子后天健康性格形成的。

有一个妈妈和她女儿在一家饭店吃饭,那女孩儿看上去五六岁的样子,小家伙对装果汁的半圆杯子产生了浓厚兴趣,不停地摸过去摸过来,直到"嘭"的一声,果汁连杯子一起摔碎在地上,小家伙的胳膊上也洒上了不少果汁。

"你这个孩子怎么回事儿?你就是手痒痒!跟你说没说过啊?吃饭的时候不要玩,你就是不听,告诉你啊,你再这样,我以后再也不带你出来吃饭了!还不快跟我去洗手!"妈妈大声地斥责小女孩。

戏剧性的一幕就在这个时候发生了,这个妈妈起身的时候太急,没有注意到餐巾还搭在她腿上,她刚一转身,那块餐巾就扯着盘子、刀叉、杯子、水瓶"哐当"一声全摔在了地上。

声音之大,引来了所有人的张望,妈妈难堪极了,她怒视着女儿:

第九章 以你想要的方式，陪你成长

"都怪你！这下你高兴了吧！盘子都摔碎了，还吃什么吃！"小家伙原本就撇着的嘴，终于顶不住了，"哇"地大哭起来。

等那个妈妈拉着小家伙从洗手间里出来时，服务生已经给她们换了一套餐具，但看得出，妈妈和女儿的好心情也和玻璃杯、盘子一起摔碎了。

一顿本来开心的晚餐就这样在孩子哭哭啼啼、妈妈怒气冲冲中变了味道。其实当孩子把玻璃杯打碎的时候，她自己也被吓到了——如果她知道她玩杯子的后果是连果汁也喝不成了，那她一定不会那么做的。可惜，这个孩子才五六岁，她还没有足够的"生活经验"来指导自己的动作。

作为妈妈，这个时候如果是用轻柔的声音说："没关系，再要一杯果汁就好了，玻璃杯子是很脆的，很容易碎，最好不要拿来玩，知道了吗？"

如果是这样，结果会怎样？孩子在心里会感激妈妈没有骂她，也会更珍惜下一个玻璃杯子；妈妈自己也不会生那么大的气，当然也就不会心急火燎的，那堆盘子和杯子也不会集体牺牲掉了。

孩子"搞破坏"这种事数不胜数，很多妈妈遇到这种情况往往会怒不可遏，愤怒地教训孩子一顿。但换个角度想想，这些"事故"，也许是一个可以让他变得更好的机会。

叮当喜欢看《猫和老鼠》。妈妈担心这样下去会让叮当变得孤僻，影响她的大脑发育，所以经常叫一些小朋友过来带着叮当玩。

一次家里突然停电，叮当咧嘴大哭起来，无论妈妈怎么解释，她就是不听，就是吵着要看《猫和老鼠》，还在地上打起滚来。妈妈终于动怒了，呵斥叮当说："我管不了你了是不是？停电了，你要我从哪儿偷电去？"妈妈指着电视的信号灯处吼道："你没看到这里都不亮了吗？不许哭了！再哭，等来电了，也不让你看！"

叮当哭得更大声了，直喊："我讨厌妈妈，我恨妈妈！"

妈妈大吼道："那你别管我叫妈妈，你讨厌我，恨我，管我叫妈妈干吗？"

一些妈妈无法招架孩子的激动情绪，自己也会出现烦躁、发脾气、呵斥、打骂等举动，甚至随着孩子情绪的反复无常，妈妈的耐性也越来越小，常常在孩子将要发脾气前先呵斥孩子不许哭、不许闹，这也不许，那也不让，导致孩子的情绪无处发泄。

妈妈们言辞凿凿地要求孩子停止无厘头的哭闹，其实说好听了是教育，说不好听了，是对孩子的威胁。当孩子迫于你的威信，不得不低头认错时，你以为已经有了成效，但实际上则是孩子的屈服——相当隐讳的口服心不服。

教育孩子不是以暴制暴，也不是让他们变成唯命是从的乖乖孩。当妈妈在情绪激动的情况下教育孩子时，又怎么指望孩子能相信从一个脾气不好的人的嘴里说出的"要做个不乱发脾气的人"呢？

教孩子控制情绪，首先要自己成为一名情绪平和的妈妈。妈妈是一个家庭里最重要的角色，你既可以使家庭成为一个温暖的、让人乐于回归的所在，也可以使家庭成为一个充满压力和焦虑的地方。妈妈懂得控制自己的情绪就能把房子变成一个家，不仅是自己的丈夫和孩子的家，而且也是朋友的家，因为他们渴望让自己疲惫的灵魂，在这样一个充满舒适和温暖的地方好好休息。

第九章 以你想要的方式,陪你成长

爸爸的高度,决定孩子的起点

有这样一个故事:

一个四五岁的小女孩问:"妈妈,我是您生的吗?"母亲回答说:"当然是呀,我的宝贝儿!"小女孩又问:"那我哥哥是谁生的呢?"母亲笑着说:"傻孩子,你哥哥当然也是我生的呀!"小女孩有点不懂了,她眨眨明亮的大眼睛,有点失望地说:"连哥哥也是妈妈生的,那要爸爸还有什么用呢?"

这看起来像是个小笑话,可却反映了孩子对父亲作用的质疑。

孩子出生后,第一个生长的环境就是家庭,而父母就是孩子义不容辞的第一任老师。其实,父亲和母亲对孩子的成长有着同等重要的作用。从某种意义上来说,父亲的作用可能比母亲更大。但在现实生活中,有几个父亲尽到了自己的教育责任呢?

如今,大多数家庭中的爸爸都忙于工作,照顾家庭和教育孩子的任务就落在了妈妈的身上,爸爸在教育孩子中的角色意义也逐渐被淡化。工作忙、压力大、没时间等理由,也成为爸爸们忽视教育孩子的主要借口。

事实上,在孩子的成长过程中,爸爸的作用同样重要,孩子可以在父爱中体验着与妈妈风格不同的另一个多彩世界。就像鸟儿起飞需要两个翅膀一样,母爱和父爱对孩子的健康成长缺一不可。如果爸爸在孩子成长过程中只做"甩手掌柜",不仅使孩子缺乏父爱,还容易导致孩子的个性偏向母系群体,对孩子的身心健康产生不利影响。

因此,作为爸爸,不论多忙都要抽出时间陪陪孩子,倾听他们的苦恼，分享他们的快乐，陪他们玩耍，并在交流中适时教育，帮助孩子形成完整的个性人格。

李竞最近的学习不太用功，成绩也下降了，妈妈的话也不听。一天，妈妈和爸爸说了李竞最近的情况，爸爸说："我最近太忙了，孩子教育的事你自己看着办吧，觉得怎么合适就怎么管。"

几天后，爸爸陪李竞去学校开爸爸会，老师特意和李竞爸爸反映了李竞最近的表现，称李竞最近状态特别不好，和同学间也经常闹矛盾，希望爸爸不要总以忙为借口，应多抽时间与孩子交流，否则会影响孩子的心理发育。这让李竞的爸爸感到惭愧，这些日子他白天忙公司新品推广的事，晚上还要参加培训班，的确忽略了对孩子的关心。那天回家后，爸爸放下手头的工作陪李竞一起做作业，一起做游戏。后来李竞对爸爸说，最近学校有同学欺负他，他不知该怎么办，很想听听爸爸的意见，可爸爸总是忙，没时间管自己。他为此才闷闷不乐的。

近年来，一些有关父亲的调查数据让人担忧：五成父亲很少陪孩子，三成父亲与家人共餐的次数平均每天不到一次。七成孩子上学放学是由妈妈或保姆来接，五成孩子在家大部分时间是与妈妈或祖父母一起度过，两成左右的孩子几乎一天到晚都见不到爸爸。教育孩子不是妈妈一个人的责任，身为爸爸，更有责任积极主动地陪伴孩子、关心孩子、教育孩子。这样才不会导致孩子缺少父爱，才不会导致爸爸与孩子之间的感情出现问题。

孩子不仅是妻子的，也是自己的，那么就应承担起教养孩子的责任，不能把教育孩子、关爱孩子的责任全部推给妈妈，自己做个"甩手掌柜"。很多爸爸之所以总以工作忙为借口，忽略对孩子的关心，很大的原因在于他们缺乏家教责任意识。

第九章 以你想要的方式,陪你成长

所以,爸爸们要认识到自己在教育孩子方面的重要作用,努力在精神世界里给孩子关爱,世界卫生组织研究表明:平均每天能与爸爸相处两小时以上的孩子,要比其他孩子更聪明,男孩子也更像男子汉,女孩子长大后也更懂得如何与男性交往。相反,孩子成长过程中如果缺少爸爸的参与,男孩子容易变得女性化,女孩子则容易依恋年长的男性,或者不信任男性。因此,爸爸们有必要增加与孩子共处的时间,多陪孩子一起学习、游戏,帮助孩子建立正确的人生观和价值观。

其实孩子对爸爸的要求并不高,只要爸爸在他身边经常关注他、陪伴他、正确引导他就可以了。一句简短的鼓励,一句真诚的赞美,一个有趣的故事,就让孩子感到快乐和满足。既然如此,与其将大把的时间用于工作,希望获得更多的成果,不如抽出一点工作时间陪伴孩子、关爱孩子,这样获得的成果才更大,也更有长远意义。

尽管爸爸和妈妈对孩子成长产生的影响不同,但爸爸与妈妈一样承担着教养孩子的责任。爸爸的言行举止,都会潜移默化地影响着孩子,对孩子的成长起着独特作用。因此,要想让孩子拥有健康的身心,爸爸就必须摒弃做"甩手掌柜"的思想和行为,真正融入到孩子的生活当中,多与孩子在一起,引导孩子健康成长。

给孩子一个温馨的家

教育孩子首先要创造一个好的环境。就像农民种庄稼,要想长出好的庄稼,必须给他合适的土壤。

家庭是社会的细胞,家庭也是孩子最初生长的土壤。家庭这个环境的好坏，直接关系到孩子人格道德和行为习惯的养成。在充满了爱意与笑声的家庭氛围中长大的孩子，他的心灵是舒展的，他的心境是乐观的。他必然是一个懂得自爱且懂得爱别人的人。相反，若家庭缺少爱的氛围，例如夫妻经常吵架，常为一点小事争执不休，对老人不孝敬，邻里关系紧张等，都会对孩子贻害无穷。所以，给孩子创造一个和谐美好的成长环境，远比带孩子去买高档玩具或者参加什么学习班重要得多。

氛围是由人创造的。家庭氛围是由父母与孩子共同创造的。宽松和谐的家庭氛围，培养的是身心健康、性格开朗的孩子；紧张压抑的家庭氛围，培养的是心胸狭窄、性格怪僻的孩子。

家庭氛围与孩子的成长密切相关。

被称为"血液学和免疫学之父"的诺贝尔医学奖获得者保尔·埃尔利希，他的医学兴趣是受父亲——一位德国著名医生的影响。父亲作医学实验时，他站在一旁好奇地观察，丰富的医学藏书为他探求一个个未知数提供了答案，做小助手使他对医道欲罢不能。这样，他被引上了医学科学研究之路。诺贝尔物理奖获得者贝克勒尔揭开放射线奥秘，与他的祖父、父亲都是物理研究人员，这样一个物理世家有着密切的关系。

诚然，家庭主要成员兴趣爱好对孩子的暗示固然重要，但也有一些孩子兴趣的形成，得益于家庭的其他因素。

上海有一位曹姓女孩，父母都是初中文化的普通工人，但她在初中时，就发表多篇小说。她对文学的兴趣与她父亲经常为她借阅、购买文学作品，带领她外出参观、访问、浏览等有密切相关。有位初中生，

第九章 以你想要的方式,陪你成长

本来认为邮票无非是一些五颜六色的花纸。父亲有意识带他到一位集邮爱好者家中,请友人展示自己珍藏的邮品,讲解邮票上的知识,谈集邮的乐趣。一次次串门,一次次大开眼界。从此他与邮票结下了不解之缘,还多次在校内外举办过个人邮展。

类似的例子很多,医学世家、教育世家……诸如此类的书香门第,是一种文化传承。藏书,故事讲述,信息交流评价,观察,实践等文化氛围的间接暗示,常常把孩子的好奇心引导上兴趣、志趣之路。

有人把人生比作长河,家庭则是在长河中航行的一只小船,小船之外的情况,家庭无法把握,但小船自身的情况,则完全依靠自己。在小船上,父母两人若能齐心协力,小船即使在风浪中也能保持平稳,让孩子感到安全。如果父母离心离德,船划得不平稳,那就有可能船翻人亡。家庭这只小船可能成为孩子健康成长的摇篮,也可能成为孩子的毁灭之舟。

曾经看过这样一个统计,在对某校初中三个年级共370人的无记名问卷调查中:家庭有麻将牌的占65%,父母经常打麻将的占55%,孩子会打麻将的占65%,孩子正在学打麻将的占10%。另外,有位班主任说道:有一次去家访,向家长反映其孩子在学校赌博,要求家长配合教育孩子。可是出乎意料的是,家长不但不与老师合作,反而问老师:"我孩子在校赌博是赢钱,还是输钱?"弄得老师哭笑不得。还有一次,这位老师趁星期天去一个学生家家访。可一进门,只见学生的父母、学生本人,还有一个不到10岁的小女孩共四人正在打麻将。因为这个小女孩个子太矮,只得在椅子上面再放上一只小凳子。

如此家庭氛围,能培养出对社会有用的人才吗?

你赢，我陪你君临天下　你输，我陪你东山再起

孩子的行为习惯从小就是在家庭氛围的影响下养成的。作家老舍的母亲一生爱整洁，老舍在母亲的影响下，养成了经常清扫屋舍、办事井然有序的好习惯。一些孩子懒散怠惰、堆物无序、办事拖拉、起居无律等坏习惯的形成，虽然原因有多种，但糟糕的家庭氛围也是一个重要因由。

家庭氛围对孩子的成长有着如此重要的影响，那么，父母就要特别注意，给孩子创造一个好的家庭氛围。起码也要让自己的孩子成为一个有道德、有知识、有情有爱、会做人做事的正常人。

保护孩子单纯的童真

一个多才多艺的孩子比不上一个身心健康、快乐成长的孩子。当一个孩子的童年充斥着各种辅导班，小小年纪便要为各种考试忙碌时，他怎么会感受到生活的快乐？所谓的兴趣也披上了功利的外衣。一个对音乐不感兴趣的孩子将来能成为音乐家吗？一个对奥数反感的孩子将来会成为数学家吗？根本不会，反而浪费了孩子宝贵的童年时光。守护孩子的纯真梦想，最初就要因材施教。让每一个孩子快乐成长，而不是过早地成为"小大人"。

梁妈妈是典型的"虎妈"，对孩子要求特别严格，今年9月新学期开学，女儿暗示她："你注意到我QQ（聊天软件）签名的变化了吗？"梁妈妈发现，女儿的QQ签名从过去的"我想成为芭比"，改成了"我要上清华北大"。尽管其他家长对孩子的举动全是褒赞，但梁妈妈乐不

第九章 以你想要的方式，陪你成长

起来。"很明显，孩子这是为了取悦我和她爸爸，还有群里的家长，她希望得到我们的表扬。"梁妈妈愁闷地对朋友说，和同龄孩子相比，女儿显得成熟、稳重得多，才7岁的她已经学会迎合，"我觉得这不是好事，一定是我的教育出问题了，或者是孩子在哪里接触了她不该接触的东西。"随后，老师与孩子进行了对话才得知，孩子自己是真心想上清华北大，希望这样能让父母高兴，因为父母平时很少在家笑。

梁妈妈的担忧引起了很多人的讨论，到底是孩子太世故，还是作为家长们总是用成人世界的思维去衡量孩子的一言一行呢？

无论是孩子QQ签名的变化，还是孩子平时的言行举止，可能孩子只是童言无忌，而在大人看来却带有功利和世故的色彩在里面。孩子的世界很简单，并没有家长们想象中的那么复杂，他们真诚地表达自己内心的情感，这并没有什么过错。家长需要留意孩子成长过程中一点一滴的变化，但并不意味着要大惊小怪，对孩子的任何言行都过分地担心。家长在关注孩子成长的同时，也要注意给孩子一定的成长空间，不应该用成人世界的眼光去破坏这份童真的美好。

瑞恩是加拿大一个普通家庭的普通男孩。6岁的瑞恩读小学一年级时，听老师讲述非洲的生活状况：孩子们没有玩具，没有足够的食物和药品，很多人甚至喝不上洁净的水，成千上万的人因为喝了受污染的水死去。

老师说："我们的每一分钱都可以帮助他们：1分钱可以买一支铅笔，60分就够一个孩子两个月的医药开销，两加元能买一条毯子，70加元（约合380元人民币）就可以帮他们挖一口井……"

瑞恩深受震惊。他想为非洲的孩子挖一口井。

不过，她的妈妈并没有直接给他这笔钱，也没有把这个想法当成小

197

孩子头脑一时发热的冲动。妈妈对瑞恩说："家里一时拿不出70加元。你要捐70加元是好的，但是你需要付出劳动。"妈妈让他自己来挣这笔钱，妈妈说："孩子你要多干一些活，多承担一些家务，慢慢地积攒，积攒到一定时候，就能够有这些钱了。"瑞恩说："好，我一定多干活。"

于是瑞恩开始在正常家务之外做更多的事。哥哥和弟弟出去玩，他吸了两小时地毯挣了两加元；全家人都去看电影，他留在家里擦玻璃赚到第二个两加元；他还要一大早爬起来帮爷爷捡松果；帮邻居捡暴风雪后的树枝……

瑞恩坚持了4个月，终于攒够了70加元，交给了相关的国际组织。

然而，工作人员告诉他："70加元只够买一个水泵，挖一口井要2000加元。"

小小年纪的瑞恩没有放弃，他开始继续努力。一年多以后，通过家人和朋友的帮助，他终于筹集了足够的钱，在乌干达的安格鲁小学附近捐助了一口水井。

事情至此并没有结束，因为还有更多的人喝不上干净的水，瑞恩决定攒钱买一台钻井机，以便更快地挖更多的水井。让每一个非洲人都喝上洁净的水成了瑞恩的梦想。他真的坚持了下去。

瑞恩的故事被登在了报纸上。于是，5年后，这当初是一个6岁孩子的梦想竟成为千百人参加进来的一项事业。2001年3月，一个名为"瑞恩的井"的基金会正式成立。如今，基金会筹款已达近百万加元，为非洲国家建造了30多口井。这个普通的男孩，也被评为"北美洲十大少年英雄"之一，被人称为"加拿大的灵魂"，影响着越来越多的人去爱和帮助他人。

在故事的开始，瑞恩的妈妈不是替孩子承担，不是替孩子去实现爱心，而是让孩子要为他的爱心付出一份诚实的劳动。这样才是他真正

第九章 以你想要的方式,陪你成长

的爱心,他是用自己的努力,去实现自己的目标,所以说之所以有瑞恩精神的出现,是因为他有一个伟大的母亲。

瑞恩成了名人后,他的父母也控制了很多活动,不让孩子过多地在荣誉光环之下飘飘然,让她的孩子过一种正常人的生活。所以说瑞恩虽然成了一个小名人,但是他依然像一个单纯自然的孩子,过着一份童真的生活。这就是他伟大的妈妈教给他的,珍惜孩子的爱心,这是值得妈妈们学习的。

第十章

你的问题，其实都是我的问题

走出传统的管理和控制，解放自己的同时也解放我们的孩子，给予孩子充分选择的自由，放飞孩子的理想与智慧。

成绩单上的成绩并不重要

父母总会不自觉地盯住孩子从小到大的每一次考试成绩，并以分数决定对孩子的看法，评价孩子的一切。从评价的角度来讲，这样做是只重结果不重过程，是片面的。在广阔的社会环境中，这种思维方式显得太狭隘，太封闭；从更为具体的发展的角度来讲，分数不是一个

第十章 你的问题，其实都是我的问题

人的全部，因而毫无理由把分数与一个人画上等号。

低分数、高能力的事例相当多，他们可能就在我们周围，也许就是你的孩子。这里要提的是两位举世瞩目的人物。

大名鼎鼎的美国大发明家托马斯·阿尔瓦·爱迪生，举世闻名。他在一生中，与其助手一共发明和改进了一千三百多种东西，为世界文明的发展做出了巨大贡献，甚至改变了人们的生活方式。电灯的发明使全世界人每天的平均睡眠时间减少了2~3小时。而这样赫赫有名的大发明家，七岁时开始上学，在校不到三个月，便因"太笨"被迫退学，老师说："托马斯这孩子一点都不用功，还老是提一些十分可笑的问题。他居然问我二加二为什么等于四，这太不像话了。我看这孩子太笨，留在学校里只会妨碍别的学生，还是别上学了吧。"

幸好爱迪生的母亲教子有方，对爱迪生进行不断的鼓励和教育，不厌其烦地解答孩子提出的各式各样的问题，并为孩子提供如《自然读本》等方面的书籍和实验器材，培养他的实验能力。

爱迪生去世后，人们在悼词中给予了他极高的评价："他未曾统率千军万马亲临战场，他未曾战败敌国、俘获贼酋，但他所创造的伟大力量，绝非战士所能梦想到的。""设想一个没有电灯、没有电力、没有电话、没有电影、没有留声机的世界，亦可以使我们稍微认清他造福于人类的伟大。"

德国大数学家希尔伯特在少年时也表现平平，有时老师讲的课程还不能当堂吸收，需要课后重复学习。但后来经过努力，加上周围环境的影响，使他成为一代数学领袖。

在淡化分数问题后，素质教育要求培养全面发展的人才。在幼儿时期、小学、初中、高中各个不同阶段，不同的孩子在不同时期、不同

你赢,我陪你君临天下 你输,我陪你东山再起

方面会表现出具有巨大学习潜能的迹象。学校所开设的各种课程是将来必备的基本知识和技能,因此为了让孩子全面而协调地发展,妈妈应该采用各种有效方法使孩子深刻理解、灵活应用这些基本知识和技能。而对于孩子所具有的特殊才能,妈妈要去挖掘,使其收获更大。在社会上,三百六十行,行行出状元,妈妈要根据孩子的才能和兴趣对其进行合理的培养。若把孩子比作一块土地,那么,如何使其肥沃是普通教育的事;而探寻哪个地方可能蕴藏着金矿、煤炭,则是特长训练应注重的事。

父母需要有一双开放的眼睛,既要注意孩子的学习成绩,又不要"死盯""只盯"住孩子的学习成绩,从"裁决者""管理者"的角色上退下来,设法成为孩子的参谋、朋友,平等地与孩子进行交流和出谋划策。"多一个朋友多一条路",孩子的学习潜力就会充分地爆发出来。

成绩单上的成绩并不重要。

一代大师郭沫若的四川乐山故居中,至今留存着两张郭沫若中学时代的成绩单。

一张成绩单是嘉定府官立中学堂于宣统元年五月二十八日所发。成绩列表如下:修身35、算术100、经学96、几何85、国文55、植物78、英语98、生理98、历史87、图画35、地理92、体操85。当时的郭沫若16岁,读完了中学二年级的课程。

另一张成绩单是四川官立高等中学堂所发。成绩列表如下:试验80、品行73、作文90、习字69、英文88、英语98、地理75、代数92、几何97、植物80、图画67、体操60。时年郭沫若18岁,读完了该校三年级第一学期的课程。

将郭沫若这两张成绩单拿到现在进行分析,郭沫若绝对不是一个学

习尖子。专长也不在文学上,倒是在数学和生物方面有特长。不过郭沫若没有成为数学家或医学权威,却成了一代伟大的诗人、书法家、艺术家。虽然没有经过考证,但是我们相信,郭沫若的父母当时在学习上对郭沫若应该是比较宽松的。

所以作为父母,最重要的不是分析孩子的成绩,而是要注意观察你的孩子到底具有什么样的潜力。假如孩子爱好游泳,那你就把他当作菲尔普斯;假如孩子喜欢画画,那你就把他送给徐悲鸿做弟子;假若孩子爱好魔术,那刘谦就是最好的老师;假若孩子喜欢拆拆卸卸,摆弄瓶瓶罐罐,那爱迪生一样的发明家将从你的庭院升空而起……

不要让现在的成绩,成为孩子成长道路上的阻碍。现在的成绩,并不决定孩子的未来,每位父母要摸准自己孩子潜质的脉搏,顺应孩子的天性发展。

没有人喜欢被说教,没有人喜欢被控制

每一个孩子来到这个世界上,汲取的最好的养分便是来自父母的温暖。然而,现实中有很多年轻的父母生育了孩子,愿意花钱请佣人或者交给老人带,却不愿意拿出足够的精力和时间来陪伴孩子,直接剥夺了孩子生活在自己爸爸妈妈身边的权利。一个孩子如果在四岁之前不能和父母建立稳固的依恋关系,将会影响孩子终生的安全感,可能会导致成年后面临人际关系紧张、情感冷漠、幸福感低等问题。

有一个叫旺旺的四岁男孩,从小就交给保姆带。由于妈妈工作特别

忙，白天保姆喂养，晚上保姆陪着睡觉。结果孩子到了两岁多还不会说话，动手能力几乎为零。妈妈发现问题后，虽然给予了积极干预和各种训练，但孩子的安全感极低，仍然特别敏感。刚到幼儿园时，一步也离不开妈妈，只有妈妈在，孩子才会安心地待在教室里不出去，一会儿看不到妈妈就会大喊大叫。为了孩子，妈妈已辞职，作为全职妈妈全身心地陪伴孩子。通过一段时间的调整，孩子的状况有了明显的好转，但从心理发展到各种能力还是远远滞后于同龄孩子。目前他的生理年龄是四岁，而心理、智力、反应能力等方面的发展，只相当于两三岁的孩子。

孩子的安全感和归属感来自于父母，这是任何人无法取代的。无论是保姆还是爷爷奶奶、姥姥姥爷都是不能代替的。很多父母认为孩子小不懂事，交给谁养都行，等到了学龄再由父母养育。这是一个很大的误区！实际上孩子年龄越小，心理感知能力越强，越需要父母的陪伴。民间有句老话，"三岁看大，七岁至老"，指的不仅是行为习惯，更重要的是心理发展。而孩子的心理健康主要来自父母的爱和温暖，这种爱和温暖是父母在陪伴孩子的过程中，孩子慢慢感知到的。然而，许多父母在孩子最需要陪伴的年龄段，却花高价把他们送到各种外语班、才艺班、托管班，让孩子的童年失去了很多温暖。

父母应拿出一些时间做孩子的玩伴。孩子需要父母，依赖父母的日子只有那么几年，等他长大点就要摆脱父母了，这段时期一旦错过就无法重来。做父母的每天挤出一点时间，少一些在外的应酬，少玩一些手机，少上一些网，充当一下陪孩子玩游戏的大孩子。你用心地陪伴孩子，会给孩子的童年增加很多色彩，自己也会得到意想不到的成长和收获。

为孩子花有质量的时间，做到有效陪伴。有一些母亲做了全职妈

第十章 你的问题,其实都是我的问题

妈,整天待在家里,孩子却感受不到妈妈的陪伴。因为妈妈只做自己感兴趣的事,而对孩子感兴趣的事不理不睬。还有不少父母下班回到家,和孩子同居一屋,各玩各的手机,各做各的事,孩子还是孤独地自己玩。不是你和孩子在一起就是陪伴,真正的陪伴是和孩子在一起,共同做孩子感兴趣的事情或者游戏,让孩子感受到来自父母的爱和温暖。

没有人喜欢被说教,没有人喜欢被控制。因为当我们想要改变对方时,无论出发点多么好,道理多么正确,其实都在传递:我不喜欢你现在的样子,你应该变成另外一个样子。这个改变对方的能量本身,就会让对方抗拒。就像妻子想要把老公改造成一个热情的人,老公的心就关得更紧,觉得妻子根本不接纳自己,很伤心。

很多父母和孩子在一起,几乎不停地挑剔指挥孩子。孩子玩水,嫌孩子浪费水;孩子玩土,嫌孩子弄脏衣服;孩子自己吃饭,嫌孩子吃得慢,指挥孩子多吃青菜。孩子开心地跑过来要妈妈抱,妈妈却要孩子先去洗手,才能碰妈妈。这样"陪伴"下来,大人小孩都很累,而且不开心。

为什么想要改变对方?因为看不见对方的真实存在,只能看见我们头脑中想象出来的、正确的对方应该是怎样。

头脑想象是最可怕的东西,因为头脑会造出一万种理由,证明自己的想象就是真理。比如,看见孩子弯着腰玩平板电脑,头脑立刻会说,这样会把眼镜搞近视,这样对身体不好,所以我要纠正他。当父母去纠正孩子时,结果必然是,孩子不开心,和孩子关系进一步疏远。

看到这里,有人可能会说,难道我纠正孩子的不良习惯,错了吗?长时间弯着腰玩平板电脑,就是对身体不好,这还有疑问吗?

问题是,人不是机器,人是不能拿来纠正的。问问自己,你也知道晚睡不好,可是你真的能做到从来不晚睡?如果你晚上失眠,伴侣在旁边不停地教育你:晚睡对身体多么多么不好,这样有助于你安然入

眠吗？

如果伴侣理解你的晚睡，肯陪着你失眠，抱着你轻声聊天，这就是真正的陪伴：我不要改变你，我只是如你所是地爱你。

同理，看到孩子弯着腰玩平板电脑，不妨去看看孩子在玩什么让他这么聚精会神，有兴趣的话可以一起玩。心疼孩子弓背弯腰，那么去爱抚他的背，孩子的脊柱在爱的关注下，自然会挺直。这就是真正的陪伴：关注，但不打扰。

给孩子无条件的陪伴，会使亲子关系更和谐。每个人的人际关系、亲密关系都是与父母关系的延续，因此和谐的亲子关系是伴随孩子终生的，而陪伴是建立和谐亲子关系的基础。当孩子感受到父母的爱和尊重，这种自由、和谐的亲子关系就会逐步建立起来，孩子会无意识地向父母期待的方向去努力。如果父母在陪伴的过程中，总是要求过多，不断地唠叨、批评、指责孩子，就会导致亲子关系紧张，甚至冲突不断。这样的陪伴是不利于孩子健康成长的。如果父母付出的是无条件的温暖的陪伴，孩子在父母陪伴下，会养成良好的习惯和健全的人格，健康快乐地成长！

我读有趣的书，让你也爱上阅读

"天堂的样子就是图书馆的样子。"这是阿根廷作家博尔赫斯对于书籍美好的赞颂，在书籍的天堂里，还有一个特别的存在，那就是童书世界。童书是孩子最早接触的书籍，能让孩子在憨态可掬的卡通形象中体味到世间的真善美，更能润物细无声地让孩子感受到读书的快乐，

第十章 你的问题，其实都是我的问题

养成受益终身的阅读习惯。

"读书如树木，不可求骤长。"中国家庭，尤其是城市家庭，虽然已经开始普遍关注儿童的成长教育，调查显示，父母支持鼓励孩子阅读的比例超过80%。但是在家庭教育中，83%的父母不能理解儿童阅读活动的正确含义，这与父母的功利性不无关系。很多父母在不知不觉中剥夺了孩子阅读的乐趣。

很多妈妈对孩子的教育功利色彩太浓，以至于给孩子们选书，更多考虑知识性、是否帮助提升作文水平、能否有助升学等。而出版的乱象体现在，当海外拿奖、名人推荐成为销量的保证，出版商自然更瞄准这些书外的东西，买榜渐成潜规则，短篇精品却难出版，而销售不错的童书，出版社往往会一拥而上，一个系列一出就十来本，还分男孩版、女孩版。这也从客观上使得妈妈们眼花缭乱，更难选择。

孩子不喜欢阅读绝大部分原因要归结为，父母没有根据孩子的年龄、心理选择适合他们的书籍，更有偏激者认为看书就是为了学习而不是领略阅读的乐趣。

在亲子阅读的过程中，如果要想让"阅读"变成"悦读"，从第一关的选书开始，就要坚持以儿童视角为本：要选择理解儿童的、能表达真实情感和真实情绪的；选择儿童感到有趣的、美好的、幽默的，能触动儿童心灵的；选择能给儿童带来温暖的启迪和安慰的。

一个不会看书、不爱看书的妈妈真的能教出爱看书的孩子吗？

"你看，这是什么？"

"告诉妈妈，这是什么动物？你知道的，我教过你。"

"想想看，他对不对？"

"他为什么这么做啊？"

你赢,我陪你君临天下 你输,我陪你东山再起

以上的互动反映出大人可能有这样的想法:第一,阅读就是要知道各种知识;第二,不明白孩子是否真正理解书上的内容;第三,简单认为,这就是互动。

产生这样行为的原因在于,大人把亲子阅读中的大人和孩子的关系看成是教与被教的关系。殊不知,亲子阅读中,大人和孩子的关系是平等分享的关系。只有如此,才能营造出温馨、愉悦的阅读氛围。详细点说,绘本本来就是为孩子的阅读而买,妈妈不过是帮助写书的人把这个故事传递给孩子,所以,绘本的亲子阅读,应该是分享阅读的快乐,而不是通过这个绘本即时考核孩子懂得多少。

考试性阅读的坏处多多。首先,从大人口里问出的这些问题,大多是大人想要孩子知道的,很可能会破坏孩子阅读的连贯性和沉浸书中的情感体验。

其次,大人问了问题,对孩子思维的发散性是一个很大的限制,因为你看问题的角度本来就定性了,提出的问题也很单一,没有听到问题的孩子,可能看到画面就会天马行空地理解和想象。

最后,不恰当的问题提多了,孩子答不上来或者感觉无兴趣,孩子就会产生阅读焦虑感,看到书就紧张焦虑,并演变成拒绝接触阅读。

在认字敏感期到来之前,点读字的阅读也是不恰当的。从阅读的眼动研究发现,3岁及3岁前的孩子,无论在有大人陪伴下阅读还是没有大人陪伴下阅读,他们对文字都没有兴趣,而是从图画里搜索信息。也就是说,大人点读不点读对幼儿来说毫无意义。不仅如此,这还是放弃森林捡了片树叶的做法(其实连树叶都捡不到)。绘本对孩子的意义在于那些会说故事的图画,孩子的形象思维被那个具有情节的图画带动,让思维自由徜徉,然后按照自己的兴趣和理解能力去关注角色,关注他们在做什么,图画里有什么好玩的。这才是孩子的阅读。不要背离孩子的心理去执着于那几个字的认识。

第十章 你的问题,其实都是我的问题

当然,到了认字敏感期的时候,孩子指着字很想知道这是什么字的时候,妈妈们就可以图文结合和孩子玩认字认句的游戏。

"家里的书他都不看!"带着这种语气控诉的妈妈,通常的做法是把书交给孩子,自己做别的事情去。

事实上,要孩子达到真正意义上的独立阅读,必须要度过一个"共同阅读"的时期,没有哪个孩子可以例外。有人做过这样的差异化研究,有父母陪伴的阅读和没有父母陪伴的阅读,前者的孩子爱上阅读,建立阅读习惯可能更容易。这不是吸引孩子眼球让孩子无法自拔的电视,他自己观看,你离开就可以。如果孩子能有一个亲子陪伴的共同阅读期,并且坚持得越好,间断性越短,那么孩子就越容易自主地独立阅读。而阅读的力量也会在孩子的小学、初中以及将来体现得淋漓尽致。所以,我认为如果人生是长跑,无所谓输赢,但是,在长跑中支撑自己的精神力量之一是阅读带来的。可能这是至关重要的。

基于以上所说的不恰当的阅读给孩子带来的种种负面影响来看,不恰当的亲子阅读还不如不读,保有孩子的天真无知或许更好。因为很多所谓很成功的人,包括爱因斯坦等,在童年时期的发展都出现某些方面的滞后。所以这么总结,也是希望有不恰当做法的部分父母能理解、能纠正。

苏联教育家苏霍姆林斯基曾经说过:"让孩子变聪明的方法,不是补课,不是增加作业量,而是阅读,阅读,再阅读。"爱好读书是一个能让孩子终身受益的好习惯。

爱读书的孩子,每当摊开一本好书,他们总会情不自禁地陶冶在淡淡的书香中,书里的每一个文字都会掀起他情感的浪花,将他的喜怒哀乐释放在字里行间,生活的感受会被他理性地接受,即使有疑惑也会从所学知识中得到阐释。因此,你会发现,爱读书的孩子的愚钝会受到启蒙,懒惰也能得到医治;爱读书的孩子不会乱说话,言必有据,

他的推理会变得合情合理，而不是人云亦云、信口雌黄。

爱读书的孩子就像蜜蜂采蜜一样，他们不喜欢总盯在一处，而会博览群书，在书中寻找到"为什么"，也喜欢在书籍中证明自己的猜想、假设或者结论。

在生活中，爱读书的孩子他们做事会思考，知道怎样才能想出办法，会科学地拒绝盲目，会把杂乱无章的事情理得很有头绪，抓住事物的要害，寻找到解决问题的办法。

爱读书的孩子是生活里的佼佼者，他们的未来将会变得一片光明。

陪你一起发现世界的秘密

著名教育家陶行知先生曾碰到这样一件事：一位母亲对他抱怨说，她的儿子非常淘气，把一块贵重的金表给拆坏了，她把儿子打了一顿。陶行先生当即说："可惜呀，中国的爱迪生让你给枪毙了。"陶行知先生的这番话确实道出了目前在家庭教育中，父母是怎样无意识地扼杀了孩子可贵的好奇心，这直接影响到孩子创造性的形成。

"琪琪真是太不听话了，差点放火把家烧了。"刚进门，婆婆就气呼呼地来告状。再看女儿，正一脸无辜地瞪着奶奶："我没有放火，我是在做试验。"

这是怎么一回事？原来老人煮面条时，琪琪偷偷拿了几根，放在煤气灶上点着了，接着又点燃了客厅里的报纸。等到她奶奶发现时，报纸上的火苗直蹿，差点就要烧到茶几了。老人将琪琪训了一顿，谁知

第十章 你的问题,其实都是我的问题

孩子非但不认错,反而责怪奶奶破坏了她的试验。

妈妈拉过女儿,问她想做什么试验。女儿说:在幼儿园上课的时候,老师讲过水能扑灭火,就想动手试一下。于是她就把报纸点着了,可没等她用水去浇,奶奶就把火给踩灭了。她很不高兴。

妈妈拿了一只瓦盆,又叫女儿拿了几张报纸,告诉她,妈妈要和她一起做实验。女儿一听,高兴得又蹦又跳,赶紧去抽了几根面条。很快,面条在煤气灶上烧着了,随后妈妈请女儿点燃了瓦盆里的报纸,火苗在报纸上跳动着,等烧得正旺的时候,女儿接了一盆水,对着报纸浇了下去——火,真的熄灭了。女儿激动地大喊:"妈妈,妈妈,水真的能灭火呀!"她的眼睛兴奋得闪闪发光,她一次次地点燃报纸,又一次次地用水浇灭……试验的成功,令她心花怒放。

试验结束后,妈妈拉着女儿说:"你看,火多厉害啊,能烧报纸、烧茶几、烧衣服,还能烧家里的许多东西。要是烧了起来,咱家多危险啊。小朋友一个人在家时,绝对不能玩火,知道吗?"

"我知道,火是非常危险的,我们老师还叫它'火老虎'呢。"女儿毫不犹豫地一口气回答道,"我还知道火能把高楼大厦烧掉,能把人烧死呢。"

"对,火还能把人烧死,所以小朋友更加不能玩了。"妈妈盯着女儿的眼睛,严肃地告诫道。

在每一件看似荒唐的事情背后,都有孩子独特的思维方式,都有孩子对世界的探索与研究。面对孩子,我们所要做的,就是尽量用孩子的眼光来看待它,用孩子的心灵来理解它。

古希腊一位哲人说过:头脑不是一个要被填满的容器,而是一把需要点燃的火把。好奇是孩子的天性,父母在教育孩子的时候,要避免灌输式的教育,这样只会让孩子变成一台应试机器,而让孩子失去最

宝贵的好奇心，失去了主动求知的欲望。生活中，当孩子兴奋地向你报告他们的新发现时，你要明白，这些发现是多么的宝贵，它不仅表明孩子对世界充满好奇，而且表示他们在观察和思考。如果孩子问到超出他的年龄应知道的事，怎么办呢？父母也不要责备他。因为孩子并不知道什么该问、什么不该问。

有位妈妈的做法很好，每逢孩子问到现在无法给孩子说清的问题，她就告诉孩子：我把这个问题记下来了，到了你15岁的时候，我就会回答你的问题。对这个问题，也许以后用不着父母回答，他自己慢慢也明白了，但是这种做法，让孩子感到他的提问受到了尊重和鼓励。赏识孩子的新奇发现，能更好地激发孩子的求知欲望，会让孩子对学习更有兴趣，因为，一个丰富多彩、充满奥秘的世界正在前方等着他去探索呢！

一位教育名家曾说过："孩子天生就是个探险家。"婴儿从呱呱落地便开始了对这个世界的探索，他们张开眼睛打量着这个世界，用耳朵聆听周围的一切声音。他们用手触摸、用嘴品味，努力调动身体的所有感官来认知这个世界。他们对未知的事物充满好奇，渴望在探索中发现奇迹。可是生活中，有不少的父母却有意无意地阻止、限制孩子的探索行为，理由不外乎这几点：危险、脏、给大人添麻烦、弄坏东西，有的会担心孩子磨破皮肤（比如孩子到处爬行探索时），还有的会担心孩子太累。然而，这种种理由却都不能成为限制孩子探索的理由。因为孩子需要在探索中了解世界、认识世界，通过探索获取进步，而危险可以预防，脏了可以洗干净，虽说会麻烦，但比起孩子的发展来说那又算得了什么！

第十章 你的问题，其实都是我的问题

你不美没关系，我会教你什么是气质

心理学家研究表明，女孩在两三岁时就会产生审美需求，并且迎来自己的审美敏感期。例如，在三四岁的时候，她们会穿妈妈的鞋子、用妈妈的口红。等到年纪再大一点儿，她们爱美的心更强烈了，有的女孩宁可挨冻，也要在冬天穿裙子。另外，由于年纪小，女孩还容易受电视媒体的影响，在穿衣打扮上尽量把自己打扮得妖艳、性感。以上这些都是妈妈们不愿意见到的，当女儿出现这些情况时，她们会严厉斥责女儿，但是这样真的能够起到很好的教育作用吗？

宣萱今年14岁，正是爱美的年纪，但是她从来不穿裙子，即使妈妈给她买来她也拒绝穿。出现这样的情况，和妈妈的责骂有很大关系。在宣萱6岁的时候，她非常喜欢穿裙子，即使到了冬天，也不肯脱下来。开始时，妈妈给女儿讲道理，但是宣萱死活不听，后来妈妈发了火："你这丫头这么小就这样臭美，长大了一定会长成狐狸精，只有狐狸精才喜欢穿裙子。"妈妈说这句话本来只是想吓吓她，但是却给宣萱留下了这样一个印象：喜欢穿裙子会成为坏女人。从那以后，宣萱每次穿裙子的时候都有一种罪恶感，到后来干脆再也不穿了。

爱美是女孩的天性，如果妈妈在她们刚刚产生审美需求时就粗暴地干涉、阻止、限制她们，会让她们的审美观停滞不前，很难成为一个审美能力极高的女孩。但是女孩又极容易受电视媒体、同学朋友的影响，如果妈妈不闻不问，她们的审美观也很可能会被扭曲，形成一种错误的审美观念。所以，穿衣打扮这件事看似不大，却会直接影响到

• 213 •

女孩的审美观念，妈妈一定要认真对待。

有一天早晨，妈妈到女儿的房门外喊女儿吃饭。女儿对门外的妈妈说："妈妈，再等会儿，你可能有惊喜哦。"

几分钟后，妈妈再次来到女儿的房前说："干什么呢？早餐都凉了。"

门猛地被拉开了，站在妈妈面前的人差点儿让妈妈晕过去。女儿的两个脸蛋涂得血红，头发弄成鸡窝状，眉毛画得又粗又黑。妈妈不禁皱起了眉头："我的天啊，我当遇到了怪物呢！你这是干什么？你才多大啊，就弄得跟个妖精一样。"

女儿听了差点儿哭出来，迅速跑到卫生间把脸上的东西全洗掉了。

不久以后，女儿的班主任打电话给妈妈说："我们班里要表演节目，可是你的女儿死活不肯化妆，说化了就是妖精。"

女人天生就代表着浪漫、梦幻和一切美好的事物。每个女孩心中都有一个关于美丽的梦，梦到自己某天醒来变得漂亮可爱，所有的人都夸奖她，说她是个美丽的公主。作为父母，应该维护女儿这种对美的渴望和向往，让女儿保持这种浪漫的情怀，实现自己成为美丽女人的梦想。

所以，不论女儿对美的追求和认识多么偏怪，家长都不可采取强硬措施严厉地封闭孩子的想法，而是要拿出客观态度，以正确的教育方式引导她、尊重她、理解她，使女儿成为一个乖巧可人、美丽灵动的小姑娘。

一个女性的气质如何，大多体现在她的审美观上，气质好的女性，必定有着很好的审美观。想要女儿成长为一位气质出众的女子，妈妈就要注意从她小时候起培养她较高层次的审美观。那么，作为妈妈，应该如何培养女儿正确的审美观呢？在家庭教育中，妈妈可以从以下

第十章 你的问题,其实都是我的问题

几个方面入手。

1.引导孩子进入正确的审美世界

在女孩幼年,审美观经常受到外界的影响,加之女孩爱美的天性,不少女孩都曾有过穿着妈妈的花裙子,踩着妈妈的高跟鞋在镜子前"臭美"的经历,甚至还有一些女孩会拿来妈妈的大耳环、化妆品自我打造一番,陶醉于自己的美丽中。于是女孩开始更多地注重自己的裙子是不是最漂亮,自己的穿着和打扮有没有受到别人的羡慕,得到老师的夸奖,红指甲、粉裙子、项链、花衣服……对美丽过于盲从地追求,也让很多女孩更容易形成错误的审美观。但是对于年龄尚小的女孩来说,产生不正确的审美观很正常,认为只要衣服颜色艳丽、有首饰就很漂亮。然而对于女孩的这些错误的审美观,妈妈却不可用强硬的方式干涉和禁止,而是要运用正确的方法,适当地引导孩子,使她认识到美的意义。

姚女士和丈夫都是在工厂上班的普通工人,他们有一个可爱的女儿名叫阿珂。因为家境不是很富裕,加上工作比较忙,姚女士也很少注意女儿对美的需求。然而有一段时间,女儿阿珂从幼儿园回来后,总是向姚女士诉说自己的"小心事",比如哪个小伙伴戴了项链、谁穿了新裙子、哪个人又买了新皮鞋等,而且在阿珂心中,戴着项链、戒指,穿着花裙子、戴着大头花的女孩子才是最漂亮的,每当说起来,阿珂就表现出一副羡慕的样子。对于自己以前的衣服,阿珂也开始表现出厌烦情绪,常常嫌自己的衣服难看。看到女儿这个样子,姚女士开始意识到,女儿开始知道美了。但是姚女士也发现,女儿对美的认识出现了偏差。

虽然家里经济条件不宽裕,但是为了不影响女儿的自尊心和自信心,姚女士到毛衣厂买来了各种颜色的毛线头,并根据女儿的特点和

气质，为女儿织了十多件颜色跳跃、款式新颖的衣服。

在此基础上，姚女士还对阿珂进行了整体打造，使阿珂变成了一个可爱的小精灵，虽然累，但姚女士觉得是值得的。后来，姚女士的女儿从幼儿园回来后，总是一脸的兴高采烈。因为阿珂的很多小伙伴看到她的衣服，都表现得十分羡慕，还有不少家长想要借阿珂的衣服做样子。随着自己越来越受欢迎，阿珂再也不去羡慕别人的衣服了，反而时常还会像个小评论家似的，和姚女士讨论小伙伴的穿着。看着女儿快乐的样子，姚女士感到很欣慰。

女孩的审美观，常常受到自我天性和周围环境的影响，有着像阿珂一样心理的小女孩在生活中并不少见。这时，作为妈妈，就要做到正确引导，让女儿逐渐懂得怎样打扮才是真正的美。

2.让女儿参与到装扮的乐趣中

一个拥有自我个性装扮的女性，才能表现出独属自己的美丽。在现实生活中，不少女性都习惯于随波逐流，追求所谓的流行，结果往往失去了自己的特点。对于小女孩来说，这样的现象就更为常见，小伙伴之间最受欢迎的衣着方式、衣服款型，往往成为小女孩追捧的对象。不少妈妈只是一味地满足孩子爱美的心理，却忽略了培养女儿对美的独特观点，使孩子成了"跟风族"，失去了自己的特点。这样不仅不能突出孩子本身的特点，也不容易使孩子建立真正属于自己的审美观。

所以作为女孩的妈妈，就要时刻向女儿传达美的概念，让她知道美不仅需要单纯的漂亮衣服，更需要拥有自己的个性。在现实生活中，妈妈不妨让女儿自己开动脑筋，参与设计的快乐，让她自己建立自我独立的审美观念。

陈女士是一个特别有心的人，有一天，她10岁的女儿巧巧忽然跑到她面前,要陈女士给她买一件衣服。然而陈女士发现,女儿所说的衣服几乎每一个小女孩都有,原来女儿是在"追流行"。后来陈女士就对女儿说:"巧巧,你愿意设计一件属于自己的衣服吗?你来设计,然后妈妈帮你一起做,你看好吗?妈妈相信你会设计出比任何小朋友穿得都要漂亮的衣服。"

听到妈妈的鼓励,巧巧一下子来了精神,在自己的小屋里关了两个晚上,终于向妈妈拿出了自己的小设计。根据巧巧的设计,陈女士购买了布料、扣子和相关的一些材料,从画图、裁剪、缝制,陈女士都和女儿一起动手。用了整整三天,巧巧穿上了自己设计并参与制作的裙子。没想到,女儿的新裙子受到了很多同学的喜爱,并且不少女孩开始询问巧巧的裙子是哪里买的。经历了这场设计之后,巧巧开始有了自己的梦想——成为一名真正的服装设计师。

孩子的审美能力如何,离不开妈妈的教育和引导,让女孩拥有自己独特的审美视角,更是妈妈应该培养的。不论孩子是否真的能够成为设计师,让孩子体会自己设计、制作的过程,从中提高孩子的自信心和自我判断能力,有助于孩子审美能力的提升。因此,妈妈要特别注重对女儿个性审美观的培养。

3.让女儿在穿衣打扮上充满自信

女儿放学回家很不高兴地对妈妈说:"妈妈,丽丽买了一条名牌裙子,老是在我面前炫耀。我也要一条,我保证穿上比她好看。"

妈妈语重心长地对女儿说:"孩子,你学习好、性格开朗、自信乐观,并且身体健康。在妈妈的眼里,你穿什么样的衣服都比她好看。你已经赢了她了,为什么还要跟她比什么名牌不名牌呢?再说,整个人是否美丽,衣服只是微不足道的一部分,最重要的是你有没有好的性格、好的学识、好的谈吐、好的气质。如果这些都有了,所有的人都不会在乎你穿的是不是名牌。你说,大家是喜欢名牌衣服呢,还是喜欢一个人好的性格、好的学识、好的谈吐、好的气质呢?"

"当然是喜欢一个人好的性格、好的学识、好的谈吐、好的气质了。"

妈妈微笑着点了点头,说:"这下我的女儿说对了。看你身上的这件裙子吧,虽然不是名牌,但是穿在你身上多合适啊。来,再笑得甜美一些,对,像不像可爱的公主?"

女儿在镜子前转了一圈后,心满意足地出门了。

作为妈妈,我们应该告诉女儿,气质才是女孩最鲜亮的衣裳。这样,女儿会更注重自己的气质培养,而不再是只关心穿什么样的衣服、戴什么样的首饰、用什么样的化妆品。当她认为自己拥有了不俗的气质的时候,她们在穿衣打扮上也会有自己的想法,进而形成健康的审美观。

只要你努力,没有什么不可能

纵观古今中外,无论是文学家、发明家,还是政治家、思想家,凡是成功人士无一不是勤奋的追随者。勤奋让安徒生从一个鞋匠的儿子成为"童话之王",让爱迪生创造了一千多种发明,让爱因斯坦总结出举世瞩目的相对论,也让"悬梁刺股""凿壁偷光"的美谈流传千古。

爱因斯坦曾说:"在天才与勤奋之间,我毫不迟疑地选择勤奋,她几乎是世界上一切成就的催产婆。"一个勤奋的人必然能够得到比其他人更多的成就。诺贝尔奖得主丁肇中教授认为,获得成功的第一个秘

第十章 你的问题,其实都是我的问题

诀就是勤奋。他是这样认为的,也是这样做的,所以他获得了更多的成就。

一个勤奋的孩子能自觉学习想得到的知识,而且事实上,一个孩子掌握知识的多少也完全取决于自己的勤奋程度。

曾国藩是中国历史上最有影响的人物之一,但是他小时候的天赋却不高。有一天在家读书,对一篇文章重复读了不知道多少遍,还在朗读,因为他还没有背下来。

这时候他家来了一个贼,潜伏在他的屋檐下,希望等他睡觉之后捞点好处。可是等啊等,就是不见他睡觉,还是翻来覆去地读那篇文章。贼人大怒,跳出来说:"这种水平读什么书?"然后将那文章背诵一遍,扬长而去。

贼人是很聪明,至少比曾国藩要聪明,但是他只能成为贼,而曾国藩却成为毛泽东主席都钦佩的人:"近代最有大本大源的人。""勤能补拙是良训,一分辛苦一分收获。"那贼的记忆力真好,听过几遍的文章就能背下来,但是遗憾的是,他的天赋没有加上勤奋,变得不知所终。

一个人的进取与成材,环境、机遇、天赋、学识等外部因素固然重要,但更重要的是依赖于自身的勤奋与努力。被誉为"钢铁大王"的安德鲁·卡内基就是凭借勤奋努力出人头地的楷模。

为了给妈妈分忧,安德鲁·卡内基10岁的时候进了一家纺织厂当童工,周薪只有1.2美元。后来,他又干起了挣钱稍多一点的工作:烧锅炉和在油地里浸纱管。油池里的气味令人作呕,灼热的锅炉使他汗流浃背,但卡内基还是咬着牙坚持干下去。当然,他并不甘心如此潦倒

一生，而是奋发图强，积极进取。

卡内基在白天劳累一天后，晚上还参加夜校学习，课程是复式记账法会计，每周3次。这段时期他所学的复式会计知识，成了他后来建立巨大的钢铁王国并使之立于不败之地的法宝。

1849年冬天的一个晚上，卡内基上完课回家，得知姨夫传话来，匹兹堡市的大卫电报公司需要一个送电报的信差。他立刻意识到，机会来了。

第二天一早，卡内基穿上崭新的衣服和皮鞋，与父亲一起来到电报公司门前。他突然停下脚步对父亲说："我想一个人单独进去面试，爸爸你就在外面等我吧。"原来，他担心自己与父亲并排面谈时，会显得个子矮小；同时，他也怕父亲讲话不得体，会冲撞了大卫先生，从而失去这个难得的机会。

于是，他单独一人去二楼面试了。大卫先生打量了一番这个矮个头、高鼻梁的苏格兰少年，问道："匹兹堡市区的街道，你熟悉吗？"

卡内基语气坚定地回答："不熟，但我保证在一个星期内熟悉匹兹堡的全部街道。"他顿了顿，又补充道："我个子虽小，但比别人跑得快，这一点请您放心。"

大卫先生满意地笑了："周薪2.5美元，从现在起就开始上班吧！"

就这样，卡内基谋得了这个差事，迈出了人生的第一步。这时，他年仅14岁。

在短短一星期内，身着绿色制服的卡内基实现了面试时许下的诺言，熟悉了匹兹堡的大街小巷。两星期之后，他连郊区路径也了如指掌。他个头小，但腿很勤，很快在公司上下获得一致好评。一年后，他已升为管理信差的负责人。

卡内基每天都提早一小时到达公司，打扫完房间后，他就悄悄跑到电报房学习打电报。他非常珍惜这个秘密学习的机会，日复一日地坚

第十章 你的问题,其实都是我的问题

持着,很快就熟练掌握了收发电报的技术。后来,他被提升,成了电报公司里首屈一指的优秀电报员。

当年的匹兹堡不仅是美国的交通枢纽,而且是物资集散中心和工业中心。电报作为先进的通信工具,在这座实业家云集的城市起着极其重要的作用。通过努力,卡内基熟悉了每一家公司的名称和特点,了解各公司间的经济关系及业务往来。日积月累之中,他熟读了这无形的"商业百科全书",使他在日后的事业中获益匪浅。因此,卡内基在回顾这段时期时,称之为"爬上人生阶梯的第一步"。

成大事者的人,必须勤奋地去劳动,天下无不劳而获的成功。只有勤奋努力,比别人付出更多,才能够充分把握事业上的机会,在各方面取得辉煌的成就,进而赢得精彩的人生。

世上没有白吃的午餐,也没有一蹴而就的成功。妈妈要让孩子知道,要想更好地实现自己的人生价值,没有一处能够离开勤奋,懒惰所受到的惩罚,不仅是自己的失败,还会有对手的成功。再好的天赋如果碰上了懒惰,也只能在暗室中永远地被埋没。因此,培养孩子勤奋的习惯是妈妈给孩子的宝贵财富。

1.家长要做勤奋努力的人

家长懒惰是孩子学会懒惰最好的示范,家长的勤奋同时会给孩子最深的感触。

孙强的妈妈有一个习惯,就是每次吃完了饭,都不愿意马上洗碗,总是等到要做下一顿饭的时候,再急急忙忙地来洗碗。她的这个习惯也传染给了孙强。

上初中了,孙强在学校吃饭,每次吃饭前才总是匆忙地洗碗。大家说过他很多次,他自己也觉得这个习惯不好,可就是改不过来。

2.不给懒惰找借口

有很多事情我们原本可以做得很好,但是为一时的懒惰而找到的借口却让我们很容易便放弃了努力,很多计划也就在偷懒的念头下荒芜搁置了!

康拉德·希尔顿是美国旅馆业大亨。在他13岁那年,一件平常的小事深深地印在了他的记忆中,并对他的一生产生了很大的影响。

那天,希尔顿因为夜晚等待送货的火车而在早晨睡过了头。

朦朦胧胧中,希尔顿听到了父母的一段对话。

"咱们的儿子怎么还在睡呢?"父亲问。

"就让他多睡一会儿吧,因为他等了一夜的火车。"母亲心疼地回答。

这时,他听父亲叹了口气:"唉,真不知道他会不会就这样睡完他的一生。"

听到这句话,希尔顿马上睁开了眼睛,从床上爬了起来。

从那以后,希尔顿就再也没有睡过头。

3.有步骤地引导孩子

孩子毕竟还小,要养成勤奋习惯不是一朝一夕的事,需要家长有计划、有步骤地进行。例如,在学习方面,孩子在取得较好的成绩时往往会骄傲起来,不思进取。这时,家长要给孩子提出进一步的要求(在孩子的承受范围内),让孩子永远有前进的目标和方向。既然不是一朝一夕的工作,家长就要有耐心,在引导孩子养成勤奋习惯的过程中,要平心静气,不要急于求成,否则会适得其反。

4.让孩子立志以激励勤奋

人有了志向,往往就会为实现这一志向而奋力拼搏,所谓"有志者事竟成"。如果孩子能树立远大的志向,那必然就能激励他勤奋努力,去实现自己的志向。大富豪李嘉诚小时候立志要成为一个船长。如今，虽然他没做成船长，但他总是用船长的意识来经营自己的事业和人生。他自豪地说："我就是船长，我就是这条航行在波峰浪谷间的大船的船长。"当然，孩子志向的发现和确立需要家长的指导，孩子向着志向的努力也需要家长的指导。

5.鼓励孩子的勤奋行为

好孩子是夸出来的。确实，表扬对孩子来说是一种很大的激励。当孩子表现出勤奋的行为时，家长可以抓住时机，给孩子以赞赏或认同，孩子自然会变得更加勤奋。像"我喜欢你勤奋""我希望你努力"这样的话，无疑会给孩子很大鼓舞，促使孩子更加勤奋努力。

你一直是我的骄傲

每个孩子在成长的过程中都会遇到许多事情，有些是孩子能够解决的，而有些则是在孩子的能力范围之外的。在处理这些事情和问题的时候，也是孩子的自信心不断受到挑战的时候。如果父母不能给予孩子足够的鼓励、欣赏和肯定，孩子的自信就会受到打击。久而久之，孩子就会因为缺乏自信而放弃不断尝试、不断进取的意识，最终孩子就永远无法获得成功、取得进步。

所以，当孩子面临挫折的时候，父母需要用自己的强有力的支持和赏识来唤醒孩子的自信。事实也证明，来自亲人的尤其是父母的赏识、鼓励和信任将会是孩子一辈子的财富。

你赢，我陪你君临天下 你输，我陪你东山再起

在上学的时候，迪士尼就对绘画和冒险小说特别感兴趣，并很快读完了马克·吐温的《汤姆·索亚历险记》等探险小说，他梦想着自己以后一定要把故事变成图系。

一次，上小学的迪士尼出色地完成了老师布置的绘画作业：把一盆花的花朵画成了人脸，把叶子画成人手，并且每朵花都以各种表情来表现着自己的个性，但当时的老师根本就无法理解孩子心灵中的那个美妙的世界，竟然认为迪斯尼是在胡闹，并当众把他的画撕得粉碎。当迪士尼反抗时，老师则更加严厉地批评了他，并告诫他以后不许胡闹。

委屈的迪士尼很不高兴地回到家里。父亲见了沮丧的他就问缘由，听完迪士尼的描述，父亲就亲切地对他说："我认为你的画很有创意，只要你足够努力，并始终坚持下去，你一定会成功的。不管别人怎样评价你，爸爸都相信你。你自己也要记住，你能不能成功不在于别人怎么看你，不在于你现在是否失败，关键是你自己怎么想和你能不能持续努力。"迪士尼牢牢地记住了当时父亲的这句话。

第一次世界大战时，迪士尼报名当了一名志愿兵，在部队中做了一名汽车驾驶员，闲暇的时候他就创作一些漫画，并寄给一些幽默杂志。虽然他的作品几乎都被退了回来，但是他记住了爸爸的话，他知道自己一定能够成功。

1923年10月，迪士尼和哥哥罗伊在好莱坞一家房地产公司后院的一个废弃的仓库里，正式成立了属于自己的"迪士尼兄弟公司"，他创造的米老鼠和唐老鸭几年后享誉全世界，并为迪士尼赢得了27项奥斯卡金像奖，使他成为世界上获得该奖最多的人。

可见，孩子的自信心除了自我激励外，也需要来自父母的赏识。父母如果能够给孩子充足的赏识，不断激励孩子，相信他是世界上最聪

第十章 你的问题,其实都是我的问题

明的人,对他的前途充满希望,孩子就会逐渐自信起来。

第一次参加家长会,幼儿园的老师说:"你的儿子有多动症,在板凳上连三分钟都坐不了,你最好带他去医院看一看。"

回家的路上,儿子问她,老师都说了些什么,她鼻子一酸,差点流下泪来。因为全班30位小朋友,唯有他表现最差;唯有对他,老师表现出不屑。

然而她还是告诉她的儿子:"老师表扬你了,说宝宝原来在板凳上坐不了一分钟,现在能坐三分钟了。其他同学的妈妈都非常羡慕妈妈,因为全班只有宝宝进步了。"

那天晚上,她儿子破天荒地吃了两碗米饭,并且没让她喂。

儿子上小学了。

家长会上,老师说:"全班50名同学,这次数学考试,你儿子排第40名,我们怀疑他智力上有些障碍,您最好能带他去医院查一查。"

回去的路上,她流下了泪。

然而,当她回到家里,却对坐在桌前的儿子说:"老师对你充满信心。他说了,你并不是个笨孩子,只要能细心些,会超过你的同桌,这次你的同桌排在第21名。"

说这话时,她发现,儿子暗淡的眼神一下子充满了光,沮丧的脸一下子舒展开来。

她甚至发现,儿子温顺得让她吃惊,好像长大了许多。第二天上学时,去得比平时都要早。

孩子上了初中,又一次开家长会。

她坐在儿子的座位上,等着老师点她儿子的名字,因为每次开家长会,她儿子的名字在差生的行列中总是被点到。

然而,这次却出乎她的预料,直到结束,都没听到。

她有些不习惯。临别，去问老师，老师告诉她："按你儿子现在的成绩，考重点高中有点危险。"

她怀着惊喜的心情走出校门，此时她发现儿子在等她。

路上她扶着儿子的肩，心里有一种说不出的甜蜜，她告诉儿子："班主任对你非常满意，他说了，只要你努力，很有希望考上重点高中。"

高中毕业了。

第一批大学录取通知书下达时，老师打电话让她儿子到学校去一趟。

她有一种预感，儿子被清华大学录取了，因为在报考时，她对儿子说过，她相信他能考取这所学校。

儿子从学校回来，把一封印有清华大学招生办公室的特快专递交到她手上，突然转身跑到自己的房间里大哭起来。

边哭边说："妈妈，我知道我不是个聪明的孩子，可是，这个世界上只有你最能欣赏我……"

要想让孩子自信起来，父母的赏识是最好的武器。父母要在生活中给孩子尽量多的赏识，让孩子意识到自己无论何时都是父母的骄傲，无论何时父母都是爱自己的，这样孩子就能够从父母的赏识中得到足够的鼓励和自信。